地域づくり叢書5

まちづくりのための中心市街地活性化
―イギリスと日本の実証研究―

根田克彦 編著

古今書院

はじめに

　中心市街地活性化法が 1998 年に制定されてから，17 年がすぎた。この間に中心市街地活性化法は改正され，中心市街地活性化法に基づいて，多額の税金も投入されてきた。これらの努力により，日本の中心市街地活性化は成功したのであろうか。

　その答えは，国みずからが出している。総務省（2004）は，中心市街地活性化に成功している都市は少なく，特に人口規模が小さい都市の中心市街地は厳しい状態にあると指摘した。最近では，内閣官房地域活性化統合事務局・中心市街地活性化推進委員会（2013）が，中心市街地基本計画が終了した市町村で，その目標を達成した評価指標が 29％しかなかったことを指摘した。

　2014 年に，都市再生特別措置法が改正されて，多極ネットワーク型コンパクトシティを形成するために立地適正化計画が加えられた。それと同時に，中心市街地活性化法が改正され，コンパクトシティを形成することと中心市街地を活性化することがいっそう統合された。これは，持続可能な都市構造を形成する点で，大きな前進である。

　しかし，多極ネットワーク型コンパクトシティを形成することを念頭において，従来の中心市街地活性化における議論を振り返ると，都市地理学の立場からは，二つの点で違和感を覚える。

　第 1 に，「中心市街地」対「郊外」との図式で中心市街地問題を扱う点である。後述するようにイギリスの中心市街地活性化は，日本で成功例として紹介されており，「中心市街地」の維持・発展の手段と，「郊外大型店」の規制方法が紹介されてきた。しかし，イギリスでは中心市街地だけを活性化させることを意図しているわけではなく，後述するように，持続可能な都市を形成し，都市全域における経済的・社会的核を維持・再生する政策の中で，中心市街地が活性化されてきた。中心市街地対郊外という図式では，都市を一定の広がりのある空間とみなすことはできない。そのため，本来中心市街地を一部とするイギリ

スの都市政策が，中心市街地だけのためのものと「誤解」されて日本で普及したきらいがある。多極ネットワーク型コンパクトシティは，都市を広がりのある空間とみなし，適正な都市施設の配置を目指すものである。それを実現するためには，都市を広がりのある空間とみなす都市地理学の分析手法が有益であると考える。

　第2に，中心市街地の活性化の際に，商業や住宅など，中心市街地を構成する各要素を個別に分析する点である。まちづくりは総合的な分析が必要である。中心市街地の土地利用は相互に関係し，その土地利用を所有もしくは運営する人々は，中心市街地に居住していなくても，中心市街地で様々な活動を行う。さらに，中心市街地で営業する施設は，顧客だけではなく，行政・関連業者との関係なしに良好な運営をすることは困難である。中心市街地を一面から見るのではなく，都市の一部として総合的に分析する必要がある。

　本書は，都市地理学の立場から，日本における中心市街地活性化の問題点を，イギリスとの比較，および日本における地方都市の実証研究から指摘することを目的とする。イギリスと日本を比較する理由は，イギリスが中心市街地活性に成功した例として知られているためである。2014年における中心市街地活性化法の改正の際に，イギリスの事例が参考とされた。しかし，実はイギリスの中心市街地活性化も多くの問題を抱えている。次に，日本の地方都市に着目した理由は，次のとおりである。すなわち，日本の地方都市における高齢化と人口減少が顕著であり，人口規模が限られている地方中都市では，中心市街地における商業とオフィス機能が郊外と差別化することが困難である。そのため，地方都市の中心市街地の衰退は顕著であり，その現状を把握することにより，日本の中心市街地が抱える問題点に迫ることができると考えたからである。

　都市地理学における中心市街地に関する研究は，長い歴史を持つ。20世紀の初頭から，都市の中心に位置し，公共交通網の焦点であり，都市の歴史的核であるエリア一帯は，ダウンタウン，中心業務地区（Central Business District），セントラルエリアなどと呼称された。それらが日本の中心市街地と厳密に一致するかどうかの判断は難しいが，都市の経済的・交通的・文化的核と呼称できる範囲は，都市地理学の重要な研究対象であった。

　中心市街地の主たる土地利用は，都市もしくは都市を超える範囲を商圏とす

る中心商業地，企業の本社や支所などのオフィス，都市全域を管轄する重要な公共施設，観光・ビジネスのために来訪する人々のための宿泊・娯楽・会議施設であり，公共交通機関が集中する結節点でもある。都市の空間構造を解明する都市地理学において，中心市街地は二つの面から研究されてきた。

　第1に，中心市街地を点とみなして，都市もしくは都市圏における人流，物流，交通流と，土地利用の配置とその変化を検討するものである。第2章は，この立場からイギリスの都市政策を検討するものである。第2に，中心市街地を面とみなして，それらを構成する人々，施設，土地利用の配置と流動パターンおよびその変化を検討するアプローチである。いわば，中心市街地の内部構造とその変化に関する研究である。第3章のイギリスの都市研究と，第4章以降の日本の地方都市における研究が，このアプローチを採用している。

　上記二つのアプローチを駆使して，中心市街地の内部構造と，都市における中心市街地の経済的・社会的地位の変化を実証的に解明し，その変化により生じる都市問題を指摘し，その問題を解決するために有効な都市政策を提案することが必要である。

　中心市街地の都市問題は，時代とともに変化してきた。郊外住宅地が建設され，市街地が拡大していた時代に郊外にショッピングセンターが建設され，中心市街地の中心商業地は都市商業システムの頂点としての地位を低下させた。それにより中心商業地が衰退し，空き店舗と商業施設の撤退後の跡地利用が重要な課題となった。また，1980年代以降欧米都市で盛んにおこなわれた都市再生事業において，衰退した工業施設を観光，商業，金融，知識産業に再編することが重要な課題となった。20世紀末になると，EUの都市政策において持続可能な都市政策が設定され，市街地の拡大を抑制するだけではなく，都市機能が縮小する過程で，コンパクトシティの建設が目標となった（Guy 2007: p272）。コンパクトシティの建設のためには，中心市街地における商業・オフィス施設の撤退後の跡地の活用，住宅の供給は重要な課題である。また，中心市街地に居住する人々のコミュニティを維持・発展するためには，彼らの生活を支える買い物・個人サービス機能を整備する必要もある。日本における中心市街地の活性化も，世界における中心市街地をめぐる上述の動向の中で理解するべきである。

本書は，中心市街地活性化という社会的課題に対して，都市地理学の立場からアプローチする。本書は6章と3つのコラムとから構成される。第1章は中心市街地活性化法を含むまちづくり三法制定の背景から，制定後の改正の経緯と改正の課題を示す。第2章と第3章は，日本の中心市街地活性化法の手本の一つといわれるイギリスの中心市街地活性化の歴史と特性を示し，日本に適用する可能性を示す。第4章以降は日本の地方都市における中心市街地の事例研究である。中心市街地は，前述のように，商業，オフィス，公共施設，観光，住宅など多様な土地利用から構成され，それらの土地利用が相互に影響しあいながら中心市街地の空間構造を形成する。第3部では，特に，商業，観光，住宅に着目し，それぞれの土地利用ごとに中心市街地の特徴と問題点を，地方都市を事例として実証的に解明する。

　なお，中心市街地における商業施設の撤退による跡地の活用と，生活に必要となる身近な商業施設の消失による買い物難民の問題，そしてハコモノに頼らない中心市街地の活性化の兆しに関しては，コラムで示した。

各章の解説

　第1章は，中心市街地活性化を軸とする，まちづくり三法の解説である。1998年に制定された中心市街地活性化法と大規模小売店舗立地法，同年に改正された都市計画法は，まちづくり三法と呼ばれる。本章では，まちづくり三法の制定の背景から，2006年と2014年の2度の改正内容と改正の問題点を，それぞれの時期ごとに整理して簡潔にまとめた。特に，2014年における最新の中心市街地活性化法の改正では，中心市街地活性化と，コンパクトシティの実現のための都市構造の再構築がセットとして経済政策に組み込まれた。本章では，その最新の改正の課題を指摘することにより，これからの中心市街地活性化法の方向性を示している。本章は，中心市街地の問題に関する初学者に対し，基礎的な知識から最新の問題まで一読して理解できる内容である。

　第2章は，イギリスにおけるタウンセンターファースト政策を示す。タウンセンターファースト政策は，小売店が中心市街地の外に立地することを規制する政策である。タウンセンターファースト政策のツールとして，新規小売店の過不足を判断する必要性の評価，大型店の新規立地を申請する際に中心市街

地に適地がないことを証明する連続的アプローチ，および，新規に中心市市街地の外に開業する小売店が既存の中心市街地に及ぼす影響を評価する影響評価を紹介する。残念ながら，これらの本ツールの実態はほとんど知られていなかった。本章では，イギリスのカーディフ市を事例としてこれらのツールを紹介する。さらに，最後に，2014年における都市再生特別措置法の改正で設定された立地適正化計画と，上述したイギリスのタウンセンターファースト政策を比較して，それらを日本に適用できる可能性について論じる。

第3章は，イギリスにおける中心市街地活性化の課題と実例である。日本の中心市街地の定義は，実は明瞭ではない。一方，イギリスにおいて中心市街地に相当するシティセンター・タウンセンターの機能と地域における役割と位置づけは，地方自治体の都市計画で明白に規定されている。また，中心市街地の再生は，インナーシティにおける都市再生とセットとして位置づけられており，インナーシティ問題の総合的な解決を目指すところに特徴がある。この視点は，日本の中心市街地活性化法に欠如する。さらに，イギリスの中心市街地の再生の歴史を概観し，1970年代初頭までに，イギリスでは都市計画における中心市街地の地位と，活性化の仕組みが確立したことが指摘される。シティセンターの再生の具体的例として，バーミンガム市の中心市街地が紹介される。

第4章以降は，日本の実証研究である。

第4章は，中心市街地における商店街の活性化によるまちづくりを紹介する。中心市街地における商業機能を活性化するためには，組織と人材が不可欠である。また，商店街の活性化において，経済的な活性化だけではなく，地域伝統と文化の継承，都市デザインや景観の維持・改善の役割のような社会的役割を果たすことが期待されている。本章は，愛知県豊橋市を事例として，大型店が撤退した中心市街地の商店街における組織と人々による，まちづくりの活動を分析する。その活動のアクターとして取り上げられるのは，商店主だけではなく，地域住民とアーチスト，さらに資金援助などの支持をする地元経済界と行政である。中心市街地におけるまちづくり活動は盛んにおこなわれているが成功例は少ない。本章では，豊橋市におけるまちづくりの事例研究から，地域社会における商店街の存在価値を高めるための方策を本章では提言する。

第5章は，温泉地の中心市街地における観光まちづくりを示す。中心市街

地は都市住民の通勤と買物の場だけではなく，観光客が来訪する観光地として発展することにより，都市再生に多大な寄与をする。観光まちづくりに成功すると，経済効果が享受でき，住民の満足度も高まる。しかし，その際に，観光客の要求に住民が対応できるかどうかが問題である。第5章は，観光まちづくりにおいて旅行業者が効率的・安価に作成する出発地型の観光ではなく，住民の自主性と感覚を重視する着地型観光との両立が必要であり，地元の観光関連業者の意識が重要となることを指摘する。観光まちづくりは，住民，行政，観光関連業者を核として，地域全体で取り組まなければならない総合的事業である。本章では，山形県上山市の中心市街地における温泉観光地を事例として，観光客の期待以上の付加価値を創出する必要があることを指摘する。

　第6章は，まちなか居住による中心市街地活性化を扱う。大都市では人口の都心回帰が進んでいるが，地方中小都市の人口の都心回帰はそれほど進展していない。地方都市の中心市街地は，狭く渋滞する道路を持ち，狭くて古い家屋の建て替えが進まず，身近に魅力的な都市施設が少ないために，居住環境の評価が高くないことが問題となる。また，戸建て住宅志向は，地方都市ではまだまだ強い。そのため，地方都市におけるまちなか居住を推進する課題は，「賢い縮小管理」をしながら居住環境を充実させることにある。本章では，鳥取市，金沢市，松山市におけるまちなか居住を推進するための政策を比較して，それぞれの取り組みを比較する。さらに，全国の地方自治体にアンケートを実施して，まちなか居住の事業内容を調査する。

　第4章から第6章は，日本の地方都市に関する事例研究である。それらは個々の事例研究であるが，これらの事例は，日本の地方都市の中心市街地における商業，観光，まちなか居住の問題の一般的な傾向を示すものであろう。個々の事例の分析から，一般的な問題に帰納的にアプローチする手法は，都市地理学で伝統的に用いられてきた（藤井 2014）。さらに，コラムで扱った大型店の跡地活用，フードデザート問題，ハコモノに頼らない中心市街地の活性化を示すことにより，中心市街地を総合的に把握して，まちづくりに寄与することができると考える。

　なお，本書は，根田がコーディネーターとして参加した日本地理学会 2013

年秋季学術大会シンポジウム「中心市街地活性化の方向性と課題」を基盤としており（E-journal GEO, 8（2），268-272（https://www.jstage.jst.go.jp/browse/ejgeo/8/2/_contents/-char/ja/）），本研究の一部に科学研究費基盤A（課題番号24243034　代表者：日野正輝）を用いた．シンポジウムのコーディネートをともに行った日野正輝先生（中国学園大学），阿部和俊先生（愛知教育大学名誉教授），協力いただいた西原純先生（静岡大学名誉教授），編集の労をとっていただいた関田伸雄様に感謝いたします．

根田克彦

参考文献

総務省（2004）：中心市街地の活性化に関する行政評価・監視＜評価・監視結果に基づく勧告＞．総務省 http://www.soumu.go.jp/s-news/2004/040915_1_2.html.

内閣官房地域活性化統合事務局・中心市街地活性化推進委員会（2013）：『中心市街地活性化に向けた制度・運用の方向性』

藤井　正 2014．都市地理学の視角．藤井正・神谷浩夫『やわらかなアカデミズム・（わかる）シリーズ　よくわかる都市地理学』ミネルヴァ書房，2-5.

Guy, C. 2007. *Planning for retail development: a critical view of the British experience.* Routledge: Abingdon.

目　次

はじめに　　　　　　　　　　　　　　　　　　　　　　　　　　i - vii

第 1 章　中心市街地活性化とまちづくり三法　…　荒木俊之　　1

  1. 中心市街地活性化とまちづくり三法　　　　　　　　　　　2
    1-1　まちづくり三法と大型店の立地　　　　　　　　　　　2
    1-2　まちづくり三法制定から現在まで　　　　　　　　　　5
  2. まちづくり三法制定とその後の政策転換　　　　　　　　　7
    2-1　まちづくり三法制定の背景　　　　　　　　　　　　　7
    2-2　まちづくり三法の概要と都市計画制度の充実　　　　　8
  3. 2006 年のまちづくり三法の見直しとその経緯　　　　　　11
    3-1　まちづくり三法の政策転換　　　　　　　　　　　　　11
    3-2　2006 年のまちづくり三法見直しの概要　　　　　　　12
  4. 2014 年の中心市街地活性化法の改正とその経緯　　　　　14
    4-1　2006 年の見直し以降の中心市街地を取り巻く状況　　14
    4-2　2014 年の中心市街地活性化法改正に向けての政策展開　15
    4-3　中心市街地活性化法等改正の概要　　　　　　　　　　16
  5. 中心市街地活性化法等改正はコンパクトシティの実現に寄与するのか？　18

第 2 章　イギリスにおける大型店の立地規制　…　根田克彦　　23

  1. 中心市街地の外における大型店立地規制のために　　　　23
  2. タウンセンターファースト政策のツール　　　　　　　　24
    2-1　ウェールズの土地利用計画の体系　　　　　　　　　　24

2-2	ウェールズ政府のセンター政策	25
2-3	タウンセンターファースト政策	29

3. カーディフ市の概要とローカル開発計画　30
    3-1　カーディフ市の概要　30
    3-2　カーディフ市ローカル開発計画　33
    3-3　国際スポーツ村における開発経緯　34
4. カーディフ市における将来の必要性評価　35
5. 開発者による連続的アプローチと影響評価　40
    5-1　1998年申請における連続的アプローチ　40
    5-2　1998年申請における影響評価　41
6. カーディフ市による連続的アプローチと影響評価　42
    6-1　1998年市の報告書　42
    6-2　1999年市の報告書　43
    6-3　2001年市の報告書　44
7. タウンセンターファースト政策の日本への適用可能性　46

第3章　イギリス中心市街地の開発・再生の歴史
―第二次世界大戦後以降のシティセンターの展開―・・・伊東　理　53

1. はじめに　53
2. 中心市街地の概念とイギリスのシティセンター　54
    2-1　中心市街地とは　54
    2-2　イギリスのシティセンターと地域計画政策　55
3. 1980年以前のシティセンターの再開発　56
    3-1　シティセンターの戦災復興　56
    3-2　1960年代以降のシティセンターの再開発と小売商業地区の活性化　58
    3-3　シティセンターの再開発と開発計画制度の確立　59
4. 1980年代以降のシティセンターの再生　60
    4-1　シティセンターの範域拡大と多機能化の促進　60
    4-2　シティセンターの再生に関する各種の制度・組織の確立と形成　61

5. 1990年代以降のシティセンターの再生と動向　　　　　　　　　　　　64
　　　　5-1　バーミンガム市のシティセンターの再生　　　　　　　　　　　65
　　　　5-2　シティセンターの再生とセンター間格差の増大　　　　　　　　71
　　6. おわりに　　　　　　　　　　　　　　　　　　　　　　　　　　　　72

コラム1　中心市街地の大型店撤退問題 … 箸本健二　　　　　　　　　　76

第4章　商店街を場としたまちづくり活動 … 駒木伸比古　　　　　　　79

　　1. なぜ中心市街地でまちづくり活動をするのか　　　　　　　　　　　　79
　　　　1-1　中心市街地の現状とその役割　　　　　　　　　　　　　　　　79
　　　　1-2　中心市街地活性化手段としてのまちづくり活動への期待　　　　80
　　　　1-3　本章の目的　　　　　　　　　　　　　　　　　　　　　　　　81
　　2. 豊橋市中心市街地の概観　　　　　　　　　　　　　　　　　　　　　81
　　　　2-1　商業機能の変化　　　　　　　　　　　　　　　　　　　　　　81
　　　　2-2　まちづくり活動とそれをとりまく状況　　　　　　　　　　　　85
　　3. 市民型まちづくり活動
　　　　　―「とよはし都市型アートイベントsebone」の事例　　　　　　　86
　　　　3-1　活動地域の概要とその歴史　　　　　　　　　　　　　　　　　87
　　　　3-2　「sebone」の成立経緯と活動内容　　　　　　　　　　　　　　90
　　　　3-3　実行委員メンバーの構成とそのつながり　　　　　　　　　　　92
　　　　3-4　「sebone」によるまちづくり活動の考察　　　　　　　　　　　95
　　4. 中心市街地でのまちづくり活動に求められるもの　　　　　　　　　　97

コラム2　フードデザート問題 … 岩間信之　　　　　　　　　　　　　100

第5章　温泉地の観光まちづくり … 山田浩久　　　　　　　　　　　103

　　1. 観光まちづくりの課題　　　　　　　　　　　　　　　　　　　　　103
　　2. 上山市の観光政策　　　　　　　　　　　　　　　　　　　　　　　105

2-1　上山市の概観 105
　　2-2　上山型温泉クアオルト事業 109
　3. 旅館経営者の意識 110
　　3-1　宿泊業のバリュー・チェーン 110
　　3-2　旅館経営者に対するインタビュー調査 112
　4. 宿泊者の行動 115
　　4-1　場所のイメージと現地での体験 115
　　4-2　リピーター客の重要性 118
　　4-3　宿泊者へのアンケート調査 119
　　4-4　旅行形態とリピートとの関係 124
　5. 中心市街地における観光まちづくりへの提言 127

コラム3　中心市街地活性化の兆し ⋯ 山下宗利　131
　1. わが国の中心市街地の活性化 131
　2. 佐賀市中心市街地の土地利用現況 133

第6章　まちなか居住の課題と取り組み ⋯ 山下博樹　138

　1. 中心市街地活性化の落とし穴 140
　　1-1　逆風ばかりが吹く地方中小都市 140
　　1-2　小売業飽和時代の中心市街地活性化 141
　2. まちなか居住の現状と課題 143
　　2-1　大都市の都心居住と地方都市のまちなか居住 143
　　2-2　地方都市，鳥取のまちなか居住の環境と課題 147
　　2-3　まちなか居住推進の必要性 149
　3. まちなか居住推進の先進事例 151
　　3-1　金沢市の取り組み 151
　　3-2　松江市の取り組み 155
　　3-3　まちなか居住支援の実態 157
　　3-4　まちなか居住支援の成果・課題 160

  4. 中心市街地への居住推進の課題と展望   *162*
   4-1 まちなか居住推進策の課題   *162*
   4-2 まちなか居住の今後の展望   *163*

索引 *166*

第1章
中心市街地活性化法とまちづくり三法

荒木俊之

　「中心市街地における市街地の整備改善及び商業等の活性化の一体的推進に関する法律（現在，中心市街地の活性化に関する法律，以下，中心市街地活性化法）」，「大規模小売店舗立地法（以下，大店立地法）」，「（改正）都市計画法」のいわゆる「まちづくり三法」が1998年に制定され，15年以上が経過した。都市計画の視点から大型店の立地を規制し，中心市街地を活性化するために，事業の推進を担うアクセル役として中心市街地活性化法が，まちづくりを規制の面から支えるブレーキ役として大店立地法と都市計画法（改正）が，車の両輪として，それぞれ制定された。しかし，大型店の出店増加や郊外立地，店舗の大規模化は止まらず，中心市街地の空洞化にも歯止めはかからなかった。

　このような中，まちづくり三法は，人口減少時代の社会に対応するために，都市機能の郊外への拡散を抑制する一方で，中心市街地の再生を図り，都市のコンパクト化とにぎわいの回復を目指して，2006年に中心市街地活性化法と都市計画法が改正された。また，2014年には「コンパクトシティの実現」に向けて，中心市街地活性化法が再び改正された。

　そもそも中心市街地の問題は，1960年代後半以降の中心市街地への大型店の進出と既存の中小小売店との対立がその起点であった。その後1990年代に入り，中心市街地と郊外に立地する大型店の対立へと発展し，現在では，暮らしやすい都市構造の実現に向けた課題克服へと，その議論は展開されている（山下 2006）。その問題は，大都市と比して，中心市街地の衰退が著しい地方都市で深刻化している。地方都市における中心市街地の衰退の背景は，①モータリゼーションの進展にともなう都市の郊外化や交通結節構造の変化などによる都市構造の変化，②中心市街地での人口減少・少子高齢化などの居住者特性や，経営者の高齢化あるいは店舗の老朽化など中心市街地の内的要因による変化，

③都市構造や商業環境に関わる国のまちづくり制度の変化，の3点に大きく整理できると指摘されている（山下 2014）。大型店の立地に起因した中心市街地の問題は，現在では，流通政策のみならず，郊外をも含む都市構造の構成に関わる都市政策との関連も深まっている。

本章では，中心市街地の問題に関わる法律であり，制定から15年を過ぎたまちづくり三法について概説するとともに，その後の中心市街地や大型店立地の動向を踏まえながら，2006年の改正について，その内容や見直しに至る経緯を概観する。さらに，2014年の中心市街地活性化法の改正や現在の政策展開などを概説する。

1. 中心市街地活性化とまちづくり三法

1-1 まちづくり三法と大型店の立地

そもそも中心市街地活性化にあたって，なぜまちづくり三法が制定されることになったのであろうか。それには大型店の立地動向が大きく影響している。その大型店の立地について関連する法律をまずは確認しておこう。まちづくり三法に限定すると，出店場所が「都市計画法」による土地利用規制で立地できるかどうかが判断され，可能な場所であれば「大店立地法」（以前は，「大規模小売店舗における小売業の事業活動の調整に関わる法律（大規模小売店舗法，以下，大店法）」）の届出による審査で立地が決定される。

都市計画法で大型店の立地に影響する制度として，主に「区域区分」と「用途地域」の2つがある（図1-1）。区域区分は，いわゆる「線引き」と呼ばれ，すでに市街地を形成している区域とおおむね10年以内に優先的，計画的に市街化を図るべき区域の「市街化区域」と，市街化を抑制すべき「市街化調整区域」とに区分する制度である。その目的は，無秩序な市街地拡大の防止と良好な市街地の形成を図ることにある。一方，用途地域は，用途の混在を防ぐことを目的とし，住宅，商業，工業など市街地の大枠としての土地利用を定めるもので，現在12種類ある。すなわち，これらの都市計画制度の目的は，まずは区域区分制度によって，市街地と市街地でない地域に区分し，市街地では用途地域制度によって，住宅用地や商業用地，工業用地などに区分し，住み良いま

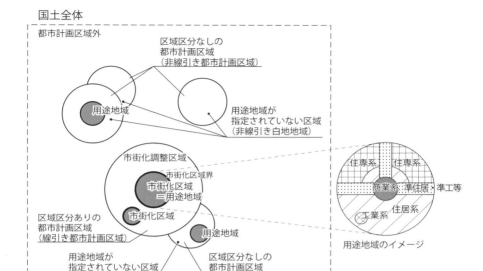

図 1-1　都市計画区域および区域区分，用途地域の模式図
資料：都市計画法；国土交通省資料により作成

ちを形成することにある。

　ただし，この２つの制度が利用できる区域は，日本国土の約 26.9％を占める「都市計画区域」に限定される[1]。また，全ての都市計画区域に区域区分が設定されているわけではない。三大都市圏の既成市街地や政令指定都市などを含む都市計画区域では，区域区分が義務づけられているものの[2]，その他の都市計画区域では，都道府県が地域の実情に応じて判断する仕組みになっている。また，市街化区域では用途地域の指定が不可欠であるが，区域区分の設定のない都市計画区域（以下，非線引き都市計画区域）では必須ではないため，用途地域の指定がないこともある（以下，非線引き白地地域）。

　大型店の立地は，市街化調整区域では原則不可であるものの，非線引き白地地域では，床面積１万㎡を超える店舗や映画館，アミューズメント施設など（以下，大規模集客施設）を除けば立地可能である（表 1-1）。また，用途地域では，店舗面積 1,000㎡を超える以上の大型店も床面積が 1,500㎡以下なら，第２種中高層住居専用地域でも立地が可能であり，大型店の立地は，現在８種類の用

表 1-1　用途地域等における大型店等の立地規制の概要

用途地域等		2006 年 改正前	2006 年 改正後
用途地域	第 1 種低層住居専用地域（1 低層）	50㎡超不可	同左
	第 2 種低層住居専用地域（2 低層）	150㎡超不可	
	第 1 種中高層住居専用地域（1 中高）	500㎡超不可	
	第 2 種中高層住居専用地域（2 中高）	1,500㎡超不可	
	第 1 種住居地域（1 住居）	3,000㎡超不可	
	第 2 種住居地域（2 住居）	制限なし	大規模集客施設は用途地域の変更または用途を緩和する地区計画決定により立地可能
	準住居地域（準住居）		
	工業地域（工業）		
	近隣商業地域（近商）		制限なし
	商業地域（商業）		
	準工業地域（準工）		（注 1）
	工業専用地域（工専）	用途地域の変更または地区計画決定が必要	同左
市街化調整区域（調整）		原則不可 ただし，計画的大規模開発は許可（病院・福祉施設・学校等は許可不要）	大規模開発も含め，原則不可 地区計画を定めた場合，適合するものは許可（病院・福祉施設・学校等は許可を必要とする）
非線引き白地地域及び準都市計画区域の用途地域未指定の地域		制限なし	大規模集客施設は，用途地域の指定により立地可能 また，非線引き白地地域では，用途を緩和する地区計画でも立地可能

注１：三大都市圏および政令指定都市を除く地方都市では，準工業地域において大規模集客施設の立地を抑制する特別用途地区を指定することが，中心市街地活性化基本計画の認定を受けるための条件とされる。
注２：用途地域等における（ ）内の表記は，各用途地域等の略称を示し，図 1-1 も同様である。また，商業系用途地域（商業系）とは近隣商業地域，商業地域を，工業系用途地域（工業系）とは準工業地域，工業地域，工業専用地域を，住居系用途地域（住居系）とは第 1 種低層住居専用地域，第 2 種低層住居専用地域，第 1 種中高層住居専用地域，第 2 種中高層住居専用地域，第 1 種住居地域，第 2 種住居地域，準住居地域を指す。そして，住居専用系用途地域（住専系）とは第 1 種低層住居専用地域，第 2 種低層住居専用地域，第 1 種中高層住居専用地域，第 2 種中高層住居専用地域を示す。
（資料：国土交通省資料により作成）

途地域で可能である。大型店に対する立地規制は比較的緩やかであるため，例えば，中心市街地では百貨店が立地できる一方で，郊外に延びる幹線道路のロードサイドでもスーパーなどが立地でき，様々な地域で大型店の立地が可能である。結果として，大型店に対する緩やかな立地規制が，大型店の出店増加や郊外立地，店舗の大規模化を促した。そのため，大型店の立地を規制し，中心市街地を活性化するために，まちづくり三法は制定されたのである。

1-2　まちづくり三法制定から現在まで

　1998 年のまちづくり三法制定から 2014 年の中心市街地活性化法改正までの 16 年には 3 つの節目がある（表 1-2）。

　第 1 の節目は，中心市街地の賑わいと活力の回復，大型店の周辺環境への適応，地域特性に応じた土地利用規制（都市計画制度）による大型店等の適正配置を目的に，まちづくり三法が制定された 1998 年である。まちづくり三法のうち，中心市街地活性化法と都市計画法は同年に，大店立地法は大店法の廃止を受けて，2000 年にそれぞれ施行された。

　第 2 の節目は，市街地の郊外への拡散を抑制し，都市機能を中心市街地に集中させるコンパクトシティの考え方にもとづいて，大型店の立地規制の強化と意欲的な中心市街地への多様な支援策の集中を目的に，まちづくり三法のうち，中心市街地活性化法と都市計画法が改正，施行された 2006 年である。なお，都市計画法については，大規模集客施設の立地規制強化などが 2007 年に施行された。

　第 3 の節目は，「日本再興戦略（内閣官房 2013a）」において定められた「コンパクトシティの実現」に向け，民間投資の喚起を通じた中心市街地の活性化を目的に，中心市街地活性化法が再改正，施行された 2014 年である。また，同様な目的で，「都市再生特別措置法」および「地域公共交通の活性化及び再生に関する法律（以下，地域公共交通活性化再生法）」が同年に改正，施行されている。

　なお，大型店の立地を規制する大店立地法は，この間改正されておらず，大店立地法第 4 条に規定されている「大規模小売店舗を設置する者が配慮すべき事項に関する指針（以下，大店立地法指針）」のみ 2 度改定されている。

　このように中心市街地活性化法は，当初，まちづくり三法の枠組みの中で，市町村の中心市街地活性化を図るために制定され，その後，コンパクトシティの考え方にもとづき改正された。現在，中心市街地活性化法は都市再生特別措置法などとともに，「コンパクトシティ・プラス・ネットワーク（多極ネットワーク型コンパクトシティ化）（国土交通省 2014）」の考えのもと，都市圏の視点からコンパクトシティを実現する枠組みにも位置づけられるようになった。

表 1-2　まちづくり三法制定後の各法律における主な改正等の状況

時期	年	中心市街地活性化法	大店立地法	都市計画法
まちづくり3法制定	1998.5	中心市街地活性化法　制定	大店立地法　制定	都市計画法　改正
	1998.7	中心市街地活性化法　施行		
	1998.11			都市計画法　施行 ・特別用途地区の充実
	1999.6		大店立地法指針　告示	
	2000.5		大店法　廃止	都市計画法　改正
	2000.6		大店立地法　施行	
	2000.7			都市計画法　施行 ・都市計画マスタープランの充実 ・区域区分の選択制導入 ・開発許可制度の見直し ・準都市計画区域， 　特定用途制限地域等の創設　等
	2003.4		中心市街地活性化のための 大店立地法の特例措置 ・構造改革特別区域の導入・ 　認定	
	2005.3		大店立地法指針（改定）告示	
	2005.10		大店立地法指針（改定）施行	
	2006.5			都市計画法　改正
	2006.6	中心市街地活性化法　改正		
まちづくり3法見直し	2006.8	中心市街地活性化法　施行 ・基本理念・責務規定の創設 ・中心市街地活性化協議会 　の法定化 ・「選択と集中」による支援 　措置の大幅拡充　等	中心市街地活性化のための 大店立地法の特例措置 ・第一種・第二種大規模小売 　店舗立地法特例区域の導入	
	2006.11			都市計画法　施行 ・準都市計画区域の拡充 ・広域調整手続きの充実
	2007.2		大店立地法指針（再改定）告示	
	2007.7		大店立地法指針（再改定）施行	
	2007.11			都市計画法　施行 ・大規模集客施設の立地規制強化 ・用途を緩和する地区計画 　（開発整備促進区）の創設 ・開発許可制度の見直し　等
	2014.5	中心市街地活性化法　改正		都市再生特別措置法 都市再生特別措置法　改正
コンパクトシティの実現に向けて	2014.7	中心市街地活性化法　施行 ・特定民間中心市街地経済活 　力向上事業の創設 ・中心市街地活性化基本計画 　の認定要件の緩和　等		
	2014.8			都市再生特別措置法　施行 ・立地適正化計画の創設 ・都市機能誘導区域， 　居住誘導区域の創設 ・支援措置等の導入　等

（資料：渡辺 2011；柳沢・野口 2012；内閣府，国土交通省，経済産業省資料により作成）

2. まちづくり三法制定とその後の政策転換

2-1 まちづくり三法制定の背景

　1998年のまちづくり三法制定には，1990年代の大店法の運用緩和から廃止に至る過程で生じた流通政策の転換が影響している（渡辺 2011, 2014）。スーパーなど大型店の出店攻勢から中小小売店の事業機会を確保することを目的に，大型店の需給調整の観点から出店調整を行う大店法（1973年制定，1974年施行）は，日米構造協議におけるアメリカからの大店法撤廃要求を受けて，1990年代にその運用が緩和された。大店法の運用緩和は，交通網の整備やモータリゼーションの進展，消費者の購買行動の広域化とともに，特に，郊外での大型店の出店を増加させ，店舗の大規模化を助長した（箸本 1998）。しかし，大型店の増加は，各地で交通渋滞や騒音，駐車場の確保，大型店から出されるごみ問題など周辺の生活環境に影響を及ぼした。これらは，大店法の運用緩和によって顕在化した大型店の外部不経済の一部であった。

　大店法の運用緩和は，大型店の郊外立地や店舗の大規模化を加速させただけではなく，中心市街地では1970～1980年代に出店された店舗規模が小さく，駐車場の狭い大型店の閉店を促した。また，中心市街地では，大型店の閉店のみならず，商店街を形成していた中小小売店の減少や空き店舗の増加が進むとともに，バブル経済時の地価高騰にともなう人口の流出や市役所・町村役場，病院などの公共施設の流出が進むなどその活力が低下した。

　そして，大店法の運用緩和にともなう大型店の増加は，大型店の外部不経済の問題を顕在化させるにとどまらず，大店法の実効性に対する批判や，生活環境やまちづくりなど経済的規制以外による大型店の規制の必要性を集めることとなった。結果として，大型店の出店調整や立地規制は，需給調整による経済的規制から，都市計画の視点を踏まえた社会的規制へと政策の転換が図られ，流通政策と都市政策が連動した，新たな法体系であるまちづくり三法が制定された（表1-2）。中でも，大型店など小売店の立地に対しては，土地利用規制に関する諸制度で調整されることが期待され，都市計画法に対しては，大型店の立地の可否を決定できるような用途規制に関する制度の整備が求められた

(通商産業省 1997)。

2-2 まちづくり三法の概要と都市計画制度の充実

　中心市街地活性化法は，市街地の整備改善および商業等の活性化を一体的に推進し，都市機能の増進や地域の振興を図る目的で制定され，当時の建設省や運輸省，通商産業省や自治省などの関係 11 省庁からは，様々な支援策（事業）が示された。

　中心市街地活性化法のもとでは，市町村が「中心市街地における市街地の整備改善及び商業等の活性化の一体的推進に関する基本的な方針」にもとづき，その対象となる区域，活性化の方針，目標，市街地の整備改善や商業の活性化

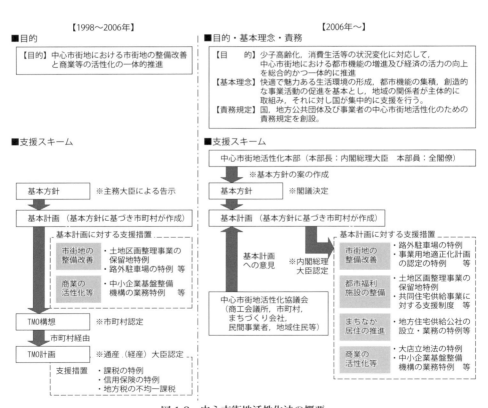

図 1-2　中心市街地活性化法の概要
資料：中心市街地活性化法；経済産業省資料により作成

等の事業について記した「中心市街地活性化基本計画」を策定し，国に提出する（図 1-2 ※【1998～2006 年】に該当）。中心市街地活性化基本計画に定めた事業のうち，市街地の整備改善の事業は主に市町村が行い，商業の活性化等の事業は主に TMO[3] 等が進める。

　商業の活性化等の事業は，中心市街地活性化基本計画にもとづき，TMO になろうとする商工会や商工会議所などの組織が，アーケードやカラー舗装，共同店舗の整備や空き店舗を活用したテナントの誘致等の中小小売商業高度化事業に関する総合的かつ基本的な構想（中小小売商業高度化事業構想，以下，TMO 構想）を策定し，市町村に認定されることから始まる。TMO 構想には中小小売商業高度化事業の概要や効果が記載されており，それに盛り込まれた個別事業については，TMO など事業の実施主体が，中小小売商業高度化事業の目標や具体的な内容，実施時期，必要資金額等を記載した中小小売商業高度化事業計画（TMO 計画）に定める。それが，当時の通産大臣に認定されると，国から補助金等の予算措置や税制支援などを受けて事業が実施できる。

　大店立地法は，新規出店・増床する店舗面積 1,000㎡を超える大型店に対して，生活環境の保全という視点から調整を行うものである。大型店の出店や届出内容の変更では，大店立地法指針に示されている駐車場需要の充足や騒音の発生，廃棄物等の保管施設の容量など具体的な数値基準にもとづいて審査される。

　また，都市計画法改正では，市街地に相当し，大型店の立地に対して規制の緩い用途地域において，地域の特性にふさわしい土地利用の増進や居住環境の保護などを図るために，用途地域の指定を補完して定める「特別用途地区」が見直された。従来 11 種類のメニューから選択する仕組みになっていた特別用途地区を，例えば，中小小売店以外の立地を規制する「中小小売店舗地区」など，市町村が地域の実情に即して任意に定めることができるようにされた。

　さらに 2000 年の改正では，郊外における大型店の立地の可否を決定できるような用途規制に関する制度が充実された（図 1-3）。

　まず，まちづくりのビジョンを示す都市計画に関するマスタープランが見直され，これまで，区域区分がある都市計画区域にのみ策定されていた「整備，開発又は保全の方針」にかわって，全ての都市計画区域において，都道府県が「都

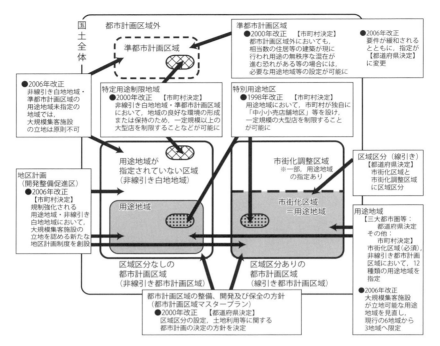

図 1-3　都市計画法改正（1998年, 2000年, 2006年）の概要
資料：都市計画法；国土交通省資料により作成

市計画区域の整備,開発及び保全の方針（以下,都市計画区域マスタープラン）」を定めることになった。それとともに, 区域区分制度が見直され, 区域区分の有無は, 大都市圏などを除いて都道府県の選択制とされ, 都市計画区域マスタープランの中で判断することとなった。これにより, 都道府県は, 大型店の郊外立地に対して効果的な区域区分制度を, 地域の実情に応じて設定することができるようになった（明石 2003）。

　規制が緩やかなために大型店の立地が進んだ非線引き白地地域などに対しては, 市町村が良好な居住環境の形成・保持の観点から, 大型店や大規模な工場, 風俗関係施設などの望ましくない用途の建築物を規制できる制度として,「特定用途制限地域」が創設された。また, 規制が緩い都市計画区域外に対しても, 高速道路のインターチェンジ周辺や幹線道路沿道における大規模な開発などを

抑制するための制度として，「準都市計画区域」が創設された。

　1998年および2000年の都市計画法の改正では，①都市計画区域外で都市計画法による規制が及ばないことに対しては準都市計画区域の創設，②非線引き白地地域など建築物の用途規制がかけられないことに対しては特定用途制限地域の創設，③用途地域における大型店の出店規制が緩やかなことに対しては特別用途地区の見直しにより，用途規制に関する制度が充実された。市町村では，これらの用途規制を，地域の実情に応じてきめ細かく指定することにより，大型店など小売店の立地を規制することが可能になった。

　このように，まちづくり三法制定により，中心市街地活性化を進めるために，市町村が中心市街地活性化基本計画を策定し，市街地の整備改善や商業の活性化に関する事業を市町村やTMOが実施する仕組みが整備された。それとともに，大型店の郊外立地に対しては，市町村が都市計画制度を利用してその立地を規制する法整備がなされた。すなわち，中心市街地活性化では，事業の実施と郊外における大型店の立地規制によって進められる枠組みが構築された。

3. 2006年のまちづくり三法の見直しとその経緯

3-1　まちづくり三法の政策転換

　まちづくり三法施行により様々な施策が講じられたにも関わらず，中心市街地は活性化せず，衰退が進んだ。そのため，これまでの人口増加をともなう郊外開発の推進から，少子高齢・人口減少の中，コンパクトシティを実現するという理念のもと，まちづくり三法は2006年に見直しが進められ，大型店の立地規制を強化する政策へと転換された。

　都市計画による大型店の立地規制については，市街化調整区域では大型店の出店が抑制される一方で，用途地域や非線引き白地地域，都市計画区域外では大型店の立地を規制できなかった（明石 2003, 2005；阿部 2003）。言い替えると，大型店の立地を規制するには，区域区分の活用とともに，用途地域や非線引き白地地域，都市計画区域外においては何らかの用途規制の補完が必要であった。こうした問題解決のために，1998年と2000年の都市計画法改正により制度が充実されていた。

しかし，大型店が出店する市町村では，雇用機会や税収等の確保などの効果が見込まれるため，特定用途制限地域や特別用途地区などは積極的に活用されなかった（荒木 2005）。一方，豊田市のように，大型店の立地規制を強化する特別用途地区を指定しても，豊田市と比して規制の緩い周辺市町で大型店の立地が進むといったこともみられた（明石 2005）。

個人レベルの問題を考慮しても，特定用途制限地域など土地利用規制の強化にともなう資産価値の低下などが想定されれば，地域や住民の合意形成を得ることは容易ではない（渡辺 2011，2014）。また，農地等を流通資本などに賃貸したほうが高い収入を得られることもあり，土地利用規制の強化は地域や住民から望まれず，積極的に活用されなかった。

一方で，中心市街地活性化法による中心市街地活性化は，まちづくり三法制定前後における中心市街地の状況の比較から，人口や商店数，年間商品販売額等が減少していることが示された（総務省 2004）。また，調査対象市町の約6割が中心市街地活性化はなされていないとの認識を示したことから，その成果が現れていないと指摘された。TMO による商業の活性化等の事業についても，実施体制や実施状況，そしてその効果において十分ではなく，効果がみられると測定される場合も少数にとどまるとされた（会計検査院 2003）。

結果的に，まちづくり三法施行後も，中心市街地は活性化されず，また大型店の出店攻勢は衰えることもなく，店舗立地の郊外化と店舗の大規模化に歯止めがかからなかった（経済産業省 2005；国土交通省 2006a，b）。そして，その傾向は三大都市圏と比して，地方都市で著しいとされた。そのゆえ，郊外における大型店の立地規制を強化したうえで，中心市街地活性化を図ることを目的に，都市計画法と中心市街地活性化法が 2006 年に改正されたのである。

3-2　2006 年のまちづくり三法見直しの概要

中心市街地活性化法の主な改正では以下の5点があげられる。第1は，基本法的な位置づけとして，基本理念を定めるとともに，市街地の整備改善および商業等の活性化にとどまらず，幅広い活性化を進める必要性から名称を「中心市街地の活性化に関する法律」へと変更されたことである。第2は，中心市街地活性化について国や地方公共団体，事業者の責務規定が創設されたことで

ある。第3は，市町村策定の中心市街地活性化基本計画を，内閣総理大臣による認定制度に変更するとともに，内閣総理大臣を本部長とした中心市街地活性化本部[4)]が置かれ，国の体制が強化されたことである。第4は，効果的に事業を推進する体制として，TMOを改組し，商工会や商工会議所などとともに，民間事業者や地域住民など多様な主体が参画し，意見の取りまとめや市町村との協議を行う中心市街地活性化協議会が創設されたことである。第5は，それまでの「バラマキ」から「選択と集中」により，支援措置が大幅に拡充されたことである（図1-2 ※【2006年～】に該当）。

　また，中心市街地活性化本部により案が作成され，閣議決定された「中心市街地の活性化を図るための基本的な方針（以下，中心市街地活性化基本方針）」では，おおむね5年以内に達成する，小売業の年間商品販売額，歩行者通行量，居住人口などの定量的な指標（目標指標）の設定が求められており，評価の視点が採用されたことも特徴である。さらに，中心市街地での大型店の立地では，大店立地法の特例措置として，内閣総理大臣の認定を受けた中心市街地（以下，認定中心市街地）内で，都道府県および政令指定都市が大型店の迅速な出店や空き店舗対策を促進することが必要な場合に指定できる「第一種大規模小売店舗立地法特例区域」などの特例区域制度が設けられた。

　一方，都市計画法では，大規模集客施設の立地に関する見直しが行われた（表1-1 ※「2006年改正後」に該当）。大規模集客施設の立地に対しては，以下の3点の改正内容が大きく影響する。

　第1は，用途地域における立地規制の強化である。大規模集客施設の立地は，近隣商業地域，商業地域，準工業地域に限定された。これにより，非線引き白地地域などでも大規模集客施設の立地が規制される。第2は，都道府県などに大規模集客施設の出店を規制する権限が付与されたことである。これにより，市町村が用途地域を変更する際，都道府県知事が，影響を受けるであろう関係市町村から意見を求めることができるようになった。例えば，市町村が大規模集客施設の立地誘導のために，用途地域を変更しようとしても，広域調整の結果，都道府県知事が同意しないことも想定される。第3は，開発許可制度における市街化調整区域の大規模計画開発に関する特例が廃止されたことである。これにより，大規模集客施設を含む大規模な開発は，原則として不可能になっ

た。

　その結果，大規模集客施設の立地は，用途地域内では3つの用途地域に限定され，非線引き白地地域や市街化調整区域では原則として規制されることになった。一方，床面積1万㎡以下の大型店の立地に対する規制に変更はなく，その規制強化には，特別用途地区や特定用途制限地域などの指定が必要である。

　このように，中心市街地活性化にあたっては，国を頂点とする推進体制が整備され，市町村が策定した中心市街地活性化基本計画の内容を評価し，意欲的な取組みを，国が選択し，集中的に支援する仕組みが構築された。また，市街地の整備改善や商業の活性化のみならず，まちなか居住の推進，図書館や病院など都市機能の集積を促す新たな支援が設けられ，中心市街地を生活空間として再生する方向性が示された。それとともに，大型店の郊外立地に関する都市計画制度が市町村によって積極的に利用されなかったことに対しては，ショッピングセンターなど大規模集客施設の立地を，全国一律に抑制する法改正により対処された。そして，これらはコンパクトシティの実現に向けた取り組みであることが明確に示された。

4. 2014年の中心市街地活性化法の改正とその経緯

4-1　2006年の見直し以降の中心市街地を取り巻く状況

　コンパクトシティの実現に向けた2006年の中心市街地活性化法の改正から8年が経過し，中心市街地活性化基本計画の第一期が終了した市町村もあるが，依然として，中心市街地の衰退に歯止めはかかっていない。

　2012年度末までに中心市街地活性化基本計画が終了した30市町村についてみると，設定された合計95の目標指標のうち，達成されたものは約27％にとどまっている（内閣官房・内閣府 2012）。特に，小売業の年間商品販売額，空き店舗率といった商業の活性化に関する目標指標の達成率が低い状況（約14％，約13％）にある一方で，事業の進捗状況では約71％の市町村が順調としていることから，当初計画された事業が目標指標の改善につながっていないことが伺える。

　大型店の立地については，大規模集客施設の立地抑制により，その立地が減

少したとの指摘がある（菅 2011）。しかし一方で，大店立地法の特例措置があるものの，認定中心市街地内での大型店の出店件数や立地店舗面積は少なく，ロードサイドを含む認定中心市街地外や隣接市町村への出店が増加しているとの指摘がある（内閣官房 2013c）。その認定中心市街地では，人口や小売業の年間商品販売額のシェア率が低下している（内閣官房 2013b）。

　また，中心市街地から大型店が撤退すると，その後は，公共施設やオフィス，集合住宅など非商業的な土地利用や空き店舗，空地・駐車場として利用されるケースが多く，大型店などの商業施設への転換が望めない状況にある（箸本 2014）など，多くの都市で中心市街地の衰退は著しく，活性化には至っていない。

4-2　2014年の中心市街地活性化法改正に向けての政策展開

　中心市街地の衰退に歯止めがかからない中，中心市街地に関する問題は，内閣官房，経済産業省，国土交通省に設置された審議会や委員会等で議論が重ねられるとともに，第2次安倍内閣における経済政策，いわゆる「アベノミクス」の「三本の矢」の一つ「民間投資を喚起する成長戦略」で扱われるようになった。その成長戦略である「日本再興戦略（内閣官房 2013a）」では，地方都市におけるコンパクトシティの実現に向けて，都市再構築戦略の策定とともに，民間主導の再整備による都市構造の再構築，民間投資の喚起を軸とした中心市街地活性化を図るとされた。これにより，中心市街地の問題は，地方都市における都市再生とともに議論されるようになり，中心市街地活性化と都市構造の再構築がセットで，経済政策に組み込まれることとなった。

　これまで，中心市街地に関する問題は，まちづくり三法の枠組みの中で扱われてきたが，2014年の見直しでは，コンパクトシティの実現に向けた都市構造の再構築を目的に，中心市街地活性化法とともに，都市再生特別措置法，地域公共交通活性化再生法があわせて改正された。これまで，アクセル役である中心市街地活性化法の事業推進とブレーキ役である都市計画法の土地利用規制によって，中心市街地活性化と大型店の郊外立地の抑制が，車の両輪として進められてきた。2014年の見直しでは，ブレーキ役である土地利用規制の強化はなされず，都市再生の視点から，住宅機能や商業，医療，福祉など都市機能

の中心市街地への誘導を支援する,新たなアクセル役が加わった。これにより,コンパクトシティの実現に対する都市計画は,土地利用規制によって実現する枠組みであったものに,中心市街地に住宅機能や都市機能を立地誘導する計画の策定と,その計画に基づいた事業実施に対する支援により実現しようする枠組みが追加されたといえよう。

4-3　中心市街地活性化法等改正の概要

　中心市街地活性化法の改正では,2006年に改正された枠組みに変更はなく,民間投資を促す制度の充実や中心市街地活性化を進めるための緩和措置などが追加された。民間投資を促す制度は,来訪者や就業者,小売業の年間商品販売額の大きな増加が見込まれる民間事業に対して補助金や税制優遇措置などにより支援する「特定民間中心市街地経済活力向上事業」が創設された。また,今回の改正による中心市街地活性化基本方針の改定では,中心市街地活性化基本計画の認定要件が緩和されたり,複数の地域を一体の中心市街地として設定することが可能になるなど,市町村の利用を促す運用の緩和がなされた。

　都市再生特別措置法の改正では,コンパクトシティを実現するために,住宅機能や都市機能の集約立地を推進する制度や交付金などによる支援,特例措置や税制措置が設けられた。この改正では,住宅や医療,福祉,商業など都市機能の増進に寄与する施設の立地適正化を図り,これら施設の立地を一定の区域に誘導するために市町村が策定する制度として「立地適正化計画」が創設された（図1-4）。また,この立地適正化計画を策定するにあたり定める必要がある区域として,都市機能の立地を誘導すべき区域の「都市機能誘導区域」,居住を誘導し,人口密度を維持する区域の「居住誘導区域」も新たに設けられた。そして,都市機能誘導区域に立地誘導する都市機能やこれらの区域で実施される事業などに対しては交付金による支援や税制措置などがとられる。また,民間事業者による病院や幼稚園,保育所などの整備への補助や交付金による支援が設けられるなど,中心市街地への都市機能の積極的な誘導策やそれに対する支援が盛り込まれた。

　さらに,コンパクトシティ・プラス・ネットワーク（多極ネットワーク型コンパクトシティ化）の考えにもとづき,地域公共交通活性化再生法も改正され,

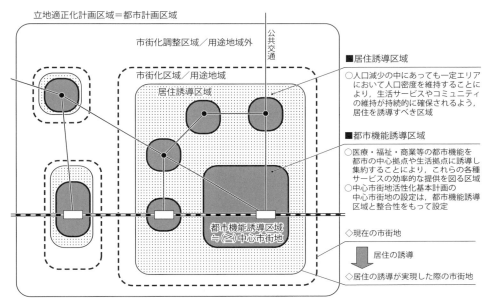

図 1-4　都市再生特別措置法改正（2014 年）の概要
資料：都市再生特別措置法；経済産業省，国土交通省資料により作成

立地適正化計画の都市機能誘導区域などの拠点間を結ぶ公共交通ネットワークの維持・充実のための計画策定や事業実施もできるようになった。

これまで中心市街地活性化法における中心市街地は，中心市街地活性化基本方針で，その位置や規模などの要件が定められていたが，都市計画との関係は示されていなかった。今回改定された中心市街地活性化基本方針や「都市計画運用指針[5]」では，中心市街地活性化基本計画における中心市街地と立地適正化計画における都市機能誘導区域は，整合性をもって設定することが求められている。また，特定民間中心市街地経済活力向上事業は，都市機能誘導区域内で実施することとされている。中心市街地活性化基本方針や都市計画運用指針の改定により，都市計画では都市機能誘導区域をいわゆる中心市街地としてみなすようになったと考えられる。

また，立地適正化計画は市町村が都市計画区域を単位に策定するが，複数の市町村で都市圏が形成されている場合や，複数の市町村から構成される広域の

都市計画区域では，該当する市町村が連携して策定することが重要であり，都道府県が広域調整を行うことが求められている。また，中心市街地活性化基本計画の策定にあたっても，広域的な観点から，都道府県が大規模集客施設の立地に対して適切に立地誘導することで市町村間の整合性を確保することが求められている。

このように，中心市街地活性化法の改正では，枠組みに大きな変更はなく，緩和措置などによる市町村の利用拡大や民間事業者の参入促進により，事業を推進しようとしている。そして，中心市街地活性化は，これまでの中心市街地活性化基本計画にもとづく事業とともに，立地適正化計画の策定による都市機能誘導区域の設定と区域内への都市機能の立地誘導などを進めることで，コンパクトシティの実現ともども達成しようとしている。

5. 中心市街地活性化法等改正はコンパクトシティの実現に寄与するのか？

1998年のまちづくり三法制定から2006年の改正を経て，中心市街地活性化法は，都市再生特別措置法，地域公共交通活性化再生法とともに，2014年に改正された。最後に，今回の改正がコンパクトシティの実現に寄与するか考えてみたい。

今回の改正では，コンパクトシティ・プラス・ネットワーク（多極ネットワーク型コンパクトシティ化）が示されたことで，これまでの一極集中をイメージしがちなコンパクトシティの概念にかわって，都市圏などの広がりをもった多極型のコンパクトシティを構築することが示された。そして，中心市街地活性化基本計画や立地適正化計画は，形式地域である市町村（行政区域）ではなく，実質地域である都市圏において策定することが求められており，現実の都市圏に即したコンパクトシティの実現に向けた一歩と評価できよう。

地方都市でも人口規模が大きく，LRTや路線バスなどの公共交通も整った富山市や熊本市などのように，これまでも積極的にコンパクトシティの取り組みを行っていた都市では，さらなる支援の拡大により，コンパクトシティ実現の可能性が高まるであろう。一方で，中心市街地活性化基本計画や立地適正化計

画は，市町村が主体となって進めるものであり，市町村が意志を示してコンパクトシティ実現に向けて取り組まなければ，これらの支援は受けられず，中心市街地活性化や都市構造の再構築は市場の論理に委ねられるであろう。また，例えば，都市圏における周辺市町村では，その中心都市の意向に左右されることも想定され，都道府県の広域調整が重要となる。

　一方で課題も残されている。例えば，立地適正化計画を策定する区域については，都道府県によって差異が生じるおそれがある。「平成の大合併」により，行政区域と都市計画区域に整合がとれない市町村が発生したことを契機に，交通網の発展や日常生活圏の拡大などを踏まえて都市計画区域の再編が行われた都道府県がある一方で，再編が行われていない都道府県もある。再編が行われていない都道府県では，現実の都市圏と整合しない区域で立地適正化計画が策定される可能性があり，都道府県の広域調整が重要となる。しかし，中心市街地活性化基本計画や立地適正化計画の策定にあたっては，中心市街地活性化基本方針や都市計画運用指針で都道府県による広域調整が重要であるとされているものの，改定後約1年を経過したが，実際にどのような調整や指導がされるかは明らかではない。

　中心市街地活性化法の見直しにあたっては，イギリスを参考に検討された（中心市街地活性化に向けた有識者会議 2012）。しかし，立地適正化計画に位置づけられる都市機能誘導区域では，イギリスで実施されているタウンセンターファースト政策のように，中心市街地に相当するシティ・タウンセンター，さらにその下位にローカルセンターなどを位置づける階層構造（根田 2013）を想定していない。都市機能誘導区域の中に位置づけられるであろう中心市街地活性化基本計画の中心市街地がシティ・タウンセンターに相当し，それ以外の都市機能誘導区域がローカルセンターとみなされると考えられる。そのため，立地適正化計画では，区域ごとに立地誘導しようとする都市機能に違いが生じるであろうが，商業については，小売業の機能や業種，業態までは考慮されておらず，本来，中心市街地に備わっていることが望ましい買回機能が誘導できるか疑問である。そのため，形態としてコンパクトシティの実現がみられたとしても，中心市街地活性化が達成できるかどうかは予断を許さない。また，今回の改正で支援を受けられるのは，実質的に流通資本や不動産などの大企業に

限られるであろうことから，中心市街地が均質化することも想像される。

　今回の改正では，中心市街地活性化と都市構造の再構築がセットで経済政策に組み込まれ，都市機能の立地誘導によりコンパクトシティを実現しようとしているが，公共施設等の移転など事業実施に負うところが大きい。そのため，国が 2013 年に策定した「インフラ長寿命化基本計画」を参考に，公共施設の統廃合とその最適な配置を実現するために市町村が策定する「公共施設等総合管理計画」との整合も図りながら，立地適正化計画を策定することが求められている。しかし，中心市街地活性化基本計画は経済産業省（内閣府），立地適正化計画は国土交通省，公共施設等総合管理計画は総務省と管轄する省庁が異なり，市町村でも担当部署が異なることが想定され，策定に紆余曲折が予想される。また，中心市街地活性化基本計画と立地適正化計画ともに，商業の活性化や商業施設の立地誘導，まちなか居住を推進する事業や支援などが備えられており，市町村が策定する際の目的によって，どちらをどのように利用するかが決定するであろう。しかし，中心市街地活性化基本計画と立地適正化計画のお互いの位置づけが，中心市街地活性化基本方針や都市計画運用指針などに明確に示されていない点が利用する際のわかりにくさを生んでおり，課題として残る。

注
1) 2012 年 3 月 31 現在（平成 24 年都市計画現況調査による（国土交通省ウェブサイト，http://www.mlit.go.jp/toshi/tosiko/H24genkyo.html（最終閲覧日：2014 年 10 月 24 日）））。
2) 政令指定都市の一部を含む都市計画区域で，区域の人口が 50 万人未満の場合は除く。
3) TMO とは，タウンマネージメント機関（Town Management Organization）を指す。中心市街地活性化法では，商工会，商工会議所，第三セクターの特定会社，財団法人，社団法人，NPO 法人が TMO 構想を策定し，市町村の認定を受けた策定者は認定構想推進事業者（法定 TMO）となる。
4) 中心市街地活性化本部や都市再生本部など地域活性化関係の 5 本部は，現在，地域活性化統合本部に統合され，その事務局は内閣官房にある。
5) 国土交通省が策定する，地方公共団体に対する技術的な助言として位置づけられている。

文　献

明石達生 2003．大型店の立地制御における現行土地利用規制制度の限界に関する実証的研究．都市計画 241：89-98．

明石達生 2005．広域的観点が必要な土地利用規制における開発計画と行政権限の不一致に関する考察－地方都市郊外の大規模商業開発を例として－．都市計画論文集 40（3）：421-426．

阿部成治 2003．大規模小売店舗立地法の運用状況に関する研究．都市計画論文集 38（3）：259-264．

荒木俊之 2005．「まちづくり」3法成立後のまちづくりの展開－都市計画法を中心とした大型店の立地の規制・誘導－．経済地理学年報 51：73-88．

会計検査院 2003．平成15年度決算検査報告 タウンマネージメント機関（TMO）による中心市街地の商業活性化対策について．http://report.jbaudit.go.jp/org/h15/2003-h15-1003-0.htm（最終閲覧日：2014年10月24日）

経済産業省 2005．産業構造審議会流通部会・中小企業政策審議会経営支援分科会商業部会合同会議中間報告「コンパクトでにぎわいあるまちづくりを目指して」．https://www.meti.go.jp/report/downloadfiles/g60106a01j.pdf（最終閲覧日：2020年11月30日）

国土交通省 2006a．社会資本整備審議会答申「新しい時代の都市計画はいかにあるべきか（第一次答申）」．http://www.mlit.go.jp/singikai/infra/toushin/images/04/021.pdf（最終閲覧日：2014年10月24日）

国土交通省 2006b．社会資本整備審議会答申「人口減少等社会における市街地の再編に対応した建築物整備のあり方について」．http://www.mlit.go.jp/singikai/infra/toushin/images/04/031.pdf（最終閲覧日：2014年10月24日）

国土交通省 2014．「都市再生特別措置法」に基づく立地適正化計画概要パンフレット．https://www.mlit.go.jp/common/001195049.pdf（最終閲覧日：2020年11月30日）

菅　正史 2011．土地利用規制による中心市街地活性化の課題と可能性－まちづくり三法改正を通じた考察－．東アジアの視点 22（3）：37-46．

総務省 2004．中心市街地の活性化に関する行政評価・監視．http://www.soumu.go.jp/menu_news/s-news/daijinkanbou/040915_1_2.pdf（最終閲覧日：2014年10月24日）

中心市街地活性化に向けた有識者会議 2012．中心市街地活性化政策の見直しの方向性．https://warp.da.ndl.go.jp/info:ndljp/pid/8422823/www.meti.go.jp/press/2012/12/20121221001/20121221001-2.pdf（最終閲覧日：2020年11月30日）

通商産業省 1997．産業構造審議会流通部会・中小企業政策審議会流通小委員会合同会議中間答申．http://warp.da.ndl.go.jp/info:ndljp/pid/285403/www.meti.go.jp/press/olddate/industry/r71224a1.html（最終閲覧日：2014年10月24日）

内閣官房 2013a．日本再興戦略（閣議決定）．http://www.kantei.go.jp/jp/singi/keizaisaisei/pdf/saikou_jpn.pdf（最終閲覧日：2014 年 10 月 24 日）

内閣官房 2013b．中心市街地活性化に係る制度・運用の主な論点（第 1 回中心市街地活性化推進委員会事務局配布資料）http://www.kantei.go.jp/jp/singi/tiiki/chukatu/iinkai/dai1/siryou.pdf（最終閲覧日：2014 年 10 月 24 日）

内閣官房 2013c．中心市街地活性化に係る制度・運用の主な論点（第 4 回中心市街地活性化推進委員会事務局配布資料）http://www.kantei.go.jp/jp/singi/tiiki/chukatu/iinkai/dai4/siryou.pdf（最終閲覧日：2014 年 10 月 24 日）

内閣官房・内閣府 2012．中心市街地活性化基本計画 平成 24 年度最終フォローアップ報告．http://www.kantei.go.jp/jp/singi/tiiki/chukatu/followup/2012followup_l.pdf（最終閲覧日：2014 年 10 月 24 日）

根田克彦 2013．イギリスにおけるタウンセンターファースト政策を支える必要性の評価と影響評価．都市計画報告集 12：72-77．

箸本健二 1998．流通業における規制緩和と地域経済への影響．経済地理学年報 44：282-295．

箸本健二 2014．大型店のスクラップ・アンド・ビルドと中心市街地への影響．山川充夫編著『日本経済と地域構造』154-172．原書房．

柳沢　厚・野口和雄編著 2012．『まちづくり・都市計画なんでも質問室（改訂版）』ぎょうせい．

山下宗利 2006．中心市街地の活性化と今後の役割．経済地理学年報 52：251-263．

山下博樹 2014．中心市街地の活性化．藤井　正・神谷浩夫『よくわかる都市地理学』168-170．ミネルヴァ書房．

渡辺達朗 2011．『流通政策入門（第 3 版）－流通システムの再編と政策展開－』中央経済社．

渡辺達朗 2014．『商業まちづくり政策－日本における展開と政策評価－』有斐閣．

第2章
イギリスにおける大型店の立地規制

根田克彦

1. 中心市街地の外における大型店立地規制のために

　日本の中心市街地活性化法は1998年に制定された。しかし，2014年の改正に向けて実施された政策の総括によると，いぜんとして多くの中心市街地の商業機能は衰退しており，中心市街地に進出する大型店は少なく，都市における中心市街地の吸引力は回復できていない（内閣官房地域活性化統合事務局中心市街地活性化推進委員会2013）。一方，イギリスでは，1990年代後半以降中心市街地を保護する政策が実施され，多くの都市の中心市街地の再生が成功したといわれる（横森ほか2008）。中心市街地を維持・発展させるためには，中心市街地を活性化する手段を講じることと，中心市街地の外における開発を規制することが必要となる。前者の試みとして，イギリスにはタウンセンターマネジメントや事業改良地区（Business Improvement District）のような組織があるが，それは第3章で扱う。本章では，イギリスにおいて，いかに中心市街地の外における開発を規制し，開発を中心市街地に誘導しているか，その手段を紹介する。

　第1章で述べたように，日本では，2006年に都市計画法と中心市街地改正化法が改正され，中心市街地に大型店を誘導するツールと，中心市街地の外において1万㎡超の大規模集客施設を規制するツールが設定された。しかし，現在，小売企業は1万㎡未満の大型店を積極的に展開しており（土屋・兼子2013），それらが中心市街地の外に立地することを2006年の都市計画法の改正で防ぐことはできない。そもそも，日本の都市計画法における用途地域規制は緩やかであり，住居地域系と工業地域系用途地域でもある程度の大型店が立

地できる（根田 2004）。2006年の改正は中心市街地に大型店を誘導し，それ以外の場所で規制するツールとしては不十分であった。そこで，2014年に都市再生特別措置法が改正され，コンパクトシティの実現のために，立地適正化計画制度が創設された。その概要は第1章で示されている。

一方，イギリスでは小売店が中心市街地の外に立地することを規制するために，タウンセンターファースト政策が実施されている（根田 2013）。タウンセンターファースト政策の有用なツールとして，必要性の評価（need test），連続的アプローチ（sequential approach），影響評価（impact assessments）が設定されている。しかし，これらのツールをいかに運営しているのか，その実態はほとんど日本で紹介されていない。本章では，イギリスにおけるタウンセンターファースト政策を支えるツールの実態を，イギリスのウェールズの首都，カーディフ市を事例として紹介する。

2. タウンセンターファースト政策のツール

2-1　ウェールズの土地利用計画の体系

イギリスは連合王国であり，イングランド，ウェールズ，スコットランドおよび北アイルランドから構成され，それぞれの都市計画の制度は異なる。ウェールズを含むイギリスの土地利用規制は，日本とは基本的に異なる。日本では全国一律に，都市計画法と建築基準法に定められた用途地域ごとに立地できる土地利用が詳細に定められる。しかし，ウェールズの土地利用に関する主法律である「都市農村計画法（Town and Country Planning Act）」とそれを修正した「計画と強制収用法（Planning and Compulsory Purchase Act）」（イングランドでは「ローカリズム法（Localism Act）」が制定された）では，土地利用計画に関する国家と地方自治体の役割，国と地方自治体が作成するべき指針に関する規定，開発の定義などが示されているにすぎない。土地利用に関する具体的な規制の方針は，それらの法律に基づき，国家と地方自治体が作成する指針により定められる。ウェールズの土地利用計画に関する国家の最新の指針は「計画政策ウェールズ（Planning policy Wales）第7版」である（Welsh Assembly Government 2014）。一方，地方自治体が作成する土地利用計画の指針は，ロー

カル開発計画（local development plan）であり，それは計画政策ウェールズに整合する必要がある。ローカル開発計画は，地方自治体の開発と土地利用に関する政策を示すものであり，地方自治体が開発許可を決定する際の基準となるものである（Guy 2007）。ローカル開発計画は，市町村の将来の都市像を示し，それに対応する整備の方針を具体的に示す点で日本の市町村マスタープランと類似する。しかし，イギリスのローカル開発計画は個々の小売店の開発許可を与えるための基準となり，ローカル開発計画に整合しない開発の申請を拒否できるので，小売店の分布パターンの形成に決定的な影響を及ぼす。

2-2　ウェールズ政府のセンター政策

　計画政策ウェールズの第 10 章は，「小売店とタウンセンターに関する計画」である。この指針では，次の目標が掲げられている。第 1 に，近接性が高く，効率的で，競争力があり，革新的な小売店を，すべてのコミュニティが持てるようにすることである。第 2 に，それらの小売店とレジャー，その他の都市施設がもっとも適切に立地できる場所として，既存のタウン・ディストリクト・ローカル・ビレッジセンターを奨励することである。第 3 に，それらのセンターの活力，魅力，生存力を高め，第 4 に，それらのセンターに対する徒歩・自転車・公共交通によるアクセスを向上することである。センターは，小売店とサービス施設だけではなく歓楽施設や一般の事業所と公共施設が立地するコミュニティの核である。そのため，タウンセンターファースト政策は，自家用車を持たない人々にとっても高い近接性を持つセンターが，買い物場所，社交や娯楽を享受する場所，事業を行うもしくは働く場所，さまざまな公的サービスを受けることができる場所として維持・発展することを保証するための政策である（Welsh Assembly Government 2014）。特に，食料品のような日常生活を維持するために必要な商品とサービスを，既存のセンターがそれぞれの階層に適するレベルで供給する必要がある。そのため，センター外のスーパーマーケットが開発許可の申請をしても，それが既存のセンターにおける小規模な食料品店に壊滅的な影響を及ぼすとみなされる場合には許可されない。また，センター外の家電や家具を販売する大型店に開発許可を与える際には，次の措置が必要となる。すなわち，将来食料品と日用品を販売できないように販売商品種類を

表 2-1　センターとセンター外大型店の種類

センターの階層構造	定義
タウンセンター	シティ・タウン・郊外のディストリクトセンターを含む。それらはコミュニティと公共交通の核としての機能を満たす多種類の施設とサービスを提供する。純粋にローカルな需要だけを対象とする小規模小売商業地は，タウンセンターから除外される。
ディストリクトショッピングセンター	一般に，1店以上のスーパーマーケットもしくはスーパーストアと多種類のサービス施設を持つタウンセンターとは別の小売商業地。
ローカルセンター	新聞店，郵便局，薬局，美容院のようなローカルサービスを提供する小規模な小売商業地。
センター外大型店	定義
スーパーストア	店舗面積 2,500 ㎡以上の食料品を主として販売する大型店。一般に平面駐車場を有する。
リティルウェアーハウス	家具や家電などの住宅用と DIY アイテムを販売する平屋建ての専門店。主として自家用車利用者を対象とし，センター外立地。
リティルパーク	リティルウェアーハウスが 3 店舗以上集積するエリア。
広域ショッピングセンター	店舗面積 5 万 ㎡超のセンター外ショッピングセンター。一般にモール形式で買回品店主体。

（Welsh Office 1996 より作成）

制限してセンターとの競合を避けることや，シティセンターと競合しないように，店舗を細分化して買回品店に業種転換できないような条件をつけることである。さらに，センター内でも既存の小売店が住宅などの非小売店とサービス施設に転換する開発の申請は，慎重に検討されることになる。特に，シティ・タウンセンター内に設定される中心商業地においては，小売店とサービス施設の連続性を確保することが必要であり，カーディフ市では，中心商業地において非小売施設が 3 店舗以上連続することは，買い物環境を分断させるので好ましくないことが指摘されている（Cardiff County Council 2013）。

　ウェールズの都市計画指針では，表 2-1 に示すセンターの種類が設定されている。指針において，センターの階層構造として，3 種類のセンター階層が示されている。一番上の列にあるタウンセンターは，シティセンター，タウンセンター，郊外ディストリクトセンターの 3 階層のセンターを含む。なお，最新の計画政策ウェールズ第 7 版では，さらに，ローカルセンターと農村のセンターが加えられている。ディストリクトショッピングセンターとローカルセンターは，都市内に散在する中小規模のセンターであり，日本の周辺商業地に相

当する。ウェールズの指針では，多くの人々を吸引する小売店と劇場，映画館などの歓楽施設，政府のオフィス，病院，学校などはシティ・タウンセンターに立地し，地方自治体のオフィス，スーパーマーケットや中小小売店，図書館分館，小学校などはディストリクト・ローカルセンターに立地することが望ましいと示されている。すなわち，上位階層ほど広域から顧客を吸引できる都市施設が立地することが奨励される。この都市施設の立地政策はクリスタラー的な中心地理論に基づくものである。

　イギリスの中都市を想定して，センターの階層構造を模式化したのが図 2-1 である。なお，センター階層の名称は，都市により異なる。都市の中心に位置し，一般に都市の歴史的核であり，通常 1 都市に 1 地区だけ設定されるセンターは，シティセンターもしくはタウンセンターと呼称される。シティセンターとタウンセンターは，日本の中心市街地に相当する。ディストリクトセンターとローカルセンターは日本の周辺商業地に相当するが，ディストリクトセンターはローカルセンターに比べると規模が大きく，店舗面積 2,500 ㎡超のスーパー

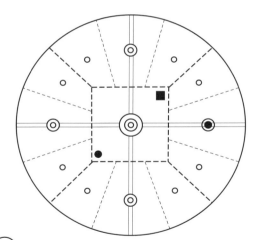

図 2-1　イギリスの都市におけるセンターの階層構造

ストアが立地する場合がある。一般に，ディストリクトセンターは周辺を住宅地に囲まれた主要路線沿いに発展し，市町村合併前には旧自治体の歴史的核であったものもある。ディストリクトセンターは小売店と個人サービス施設だけではなく，ローカルな図書館などの公共施設も立地するコミュニティの社会的・経済的核である。次に，商圏規模に着目すると，シティセンターの商圏面積は，一般に都市もしくは都市域を超える範囲を持ち，ディストリクトセンターは都市を分割する商圏を有し，ローカルセンターは一般に徒歩圏内の商圏を有するように配置される。これらのセンターの配置により，車を利用しなくても住民は徒歩と公共交通機関により，買い物と日常サービスを得ることができるのである。また，上位階層ほどセンター規模は大きくなり，立地する小売店・サービス施設の種類も多く，下位階層のセンターは最寄品主体となる。

　一方，孤立立地する大型店は，一般にセンター外立地となる。リティルパークは，主として家電製品や家具などの広い面積を必要とする商品を販売する大型店から構成される商業集積地であり，計画的なショッピングセンターの形態をもつものが一般的である。ただ，近年では買回品を販売する店舗も多くなっている。また，食料品と日用品を販売して市民の日常生活を支える存在であっても，孤立立地するスーパーストアはセンター外立地となる。これらの大型店は一般に衰退した工業地域の都市再生の手段として建設されることが多いので，インナーシティに立地する傾向にある。日本と異なり，緑地や農地に大型店が建設されることは少ない（根田 2008）。ただし，郊外住宅地の買物場所として，スーパーストアをディストリクトセンターに指定する場合もある。

　なお，図2.1では各センターの商圏が地方自治体を超えていないが，ウェールズの土地利用の指針では，センターの商圏が地方自治体の範囲を超えても構わず，広域的なセンターの階層構造を設定する必要が示されている。

　ウェールズばかりではなく，イングランドでも同様に，どの場所をセンターとして指定するかは地方自治体が関係者との協議のうえで決定し，指定されたセンターを地方自治体が維持・発展する義務を負う。一方，スーパーストアとリティルパークのようなセンター外大型店は，地方自治体が守るべき存在ではない。なお，センター外広域ショッピングセンターには中心市街地にある5万㎡超のショッピングセンターは含まれない。ウェールズには2015年現在，

センター外の広域ショッピングセンターは立地しておらず，政府の指針ではその立地の可能性がないことが明示されている。このことは，ウェールズにおいてセンター外に広域ショッピングセンターの開発が申請されても，許可されないことを意味する。

2-3　タウンセンターファースト政策

　計画政策ウェールズ第7版では，センターとして指定された場所に小売店を含む都市機能を集中させ，センター外におけるそれらの開発を抑制する，タウンセンターファースト政策が採用されており，自家用車への依存を減らすためにセンターへの公共交通と徒歩・自転車によるアクセスを向上しなければならない。そのために地方自治体は，センター外の新規小売店の開発に対し，必要性の評価，連続的アプローチ，影響評価を行う必要がある。必要性の評価、連続的アプローチ、影響評価のうち、どれかが不適であると判断された場合、その開発は許可されない。なお，必要性の評価，連続的アプローチ，影響評価が適用されるのは小売店と飲食店だけではなく，レジャー・歓楽施設，スポーツ・リクリエーション施設，オフィス、芸術・文化・観光施設であるが，以下では小売店に関することだけを示す。

　必要性の評価は、地方自治体が行うものと，開発の申請者が行うものの2種類がある。前者は地方自治体がローカル開発計画を作成する段階で実施するもので，将来必要となる店舗面積とその配置パターンを示す。一方，後者は，センター外において小売店の開発者が申請時に作成するものであり，最寄品と買回品別に，申請された店舗規模のための需要があることを証明しなければならない。ただし，申請者の必要性の評価は，現在，イングランドで廃止された。

　次に，連続的アプローチは，申請者がセンター外における小売店の開発場所を検討する前に，第1に既存のセンターで立地できる可能性を検討し，第2に，それがない場合にセンター縁辺部（センターの外ではあるが，既存のセンターの店舗から容易に徒歩で歩ける範囲内で，一般に200〜300m以内）で立地できる可能性を徹底的に検討するもので，それらの場所で開発できる適地がないことを証明しなくてはならない。第3に，センター内とセンター縁辺部に適地がないことを実証することができた後で，公共交通とのアクセスが良好な

場所か，既存のセンターに近接するセンター外立地が選択できる。

影響評価は，センター外に総建物面積 2,500㎡超の小売店の開発を行いたい場合，申請者がその小売店の商圏内におけるセンターに甚大な悪影響を及ぼさないことと，重大な環境への悪影響を及ぼさないことを証明するものである（Welsh Office 1996）。環境への影響の審査は，日本の大規模小売店舗立地法における審査項目と類似する。なお，影響評価において，当該開発だけではなく，その開発予定地に隣接して立地する既存と計画中の大型店の面積を考慮する必要がある。また，2,500㎡未満でも，小規模なセンターに甚大な影響を与える可能性がある開発は，影響評価の必要がある。さらに，影響評価で検討される空間的範囲は，その開発が進出する地方自治体の行政域内に制限されない。そのため，大規模な小売店の開発を行う場合，当該地方自治体の範囲を超えて，近隣の地方自治体のセンターに対する影響評価が必要となる。

3. カーディフ市の概要とローカル開発計画

3-1 カーディフ市の概要

カーディフ市はウェールズの首都であり，人口は 346,090 人（2011 年センサス）であり，2001 年からの人口増加率は 11.6％である。

カーデイブ市の 1990 年代におけるセンターの変化とセンター外大型店の開発動向に関しては，伊東（2011）が詳しい。それによると，カーディフ市は 1980 年代までセンター外大型店の開発に規制的であったが，センター外大型店開発者が国家に直接アピールすることに成功するか，市が却下した開発に対して国がコールインにより許可することにより，多くのセンター外大型店が開業した。一方，ディストリクト・ローカルセンターは衰退した。

カーディフ市におけるセンターの分布を，図 2-2 に示した。カーディフ市の中心部にシティセンターがあり，それはカーディフ市だけではなく都市域を超える商圏を持つものとして設定されている点で，日本の中心市街地に相当する。一方，ディストリクトセンターは市域に一定の間隔をもって点在し，カーディフ市の一部を商圏とする。さらに，よりセンター規模と商圏面積が小さい多数のローカルセンターが市域に散在する。このようなセンターの階層構造は，消

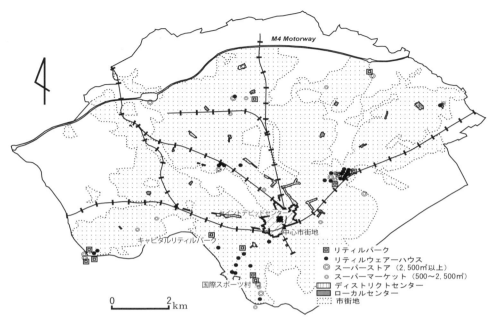

図 2-2　カーディフ市におけるセンターとセンター外大型店の分布
Cardiff County Council 2013a より作成

費者が最も身近な場所にあるローカルセンターを徒歩で利用し，主たる最寄品と一部の買回品の買い物をディストリクトセンターに依存し，さらに，買い物頻度が少ない買回品を中心市街地に依存する，クリスタラー的な階層構造を想定している（Guy 2007）。すなわち，カーディフ市は，シティセンターを頂点とするセンターの階層構造を保護して，それらに悪影響を及ぼす可能性のあるセンター以外の場所（センター外）での小売店の開発を規制することにより，交通弱者に対しても買い物機会の公平性を保証しているのである。

1997〜2008・10 年における中心市街地（シティセンター），ディストリクト・ローカルセンター，およびセンター外大型店（建物面積 500㎡ 超）の面積を示したのが，表 2-2 である（Colliers CRE 2009）。センター外大型店である，リティルパークと孤立立地の大型店の急増，既存のセンターの衰退が明らかである（根田 2011a）。中心市街地では店舗面積が急減しているが，こ

表 2-2　カーディフ市における立地場所別面積の変化（1997 ～ 2008・10 年）（1,000㎡）

年次	1997 年			2008・10 年		
立地場所	最寄品店	買回品店	合計	最寄品店	買回品店	合計
中心市街地	-	-	262.1	-	-	228.6
ディストリクト・ローカルセンター	26.1	42.0	68.2	26.2	38.2	64.4
リティルパーク	20.3	41.6	62.0	43.9	78.7	122.6
センター外大型店（500㎡超）	25.2	37.8	63.0	63.0	92.8	155.8

中心市街地とディストリクト・ローカルセンターは 2008 年，リティルパークとセンター外大型店は 2010 年．Cardiff Council（2008），Cardiff Council（2010）により作成

れには 2009 年に開業したセイントデビッズ 2・ショッピングセンターの建設にともなう既存の店舗の破壊が含まれている．そのため，2009 年以降中心市街地の総面積は増加するはずである．セイントデビッズ 2・ショッピングセンターは，オフィス，市立中央図書館，住宅などを含む総面積 230,000㎡の再開発の一部である．セイントデビッズ 2・ショッピングセンターの建物面積は 69,700㎡あり，ジョンルイス百貨店を核とするモール型のショッピングセンターである（Lowe 2005）．一方，既存のセイントデビッズセンターは 1981 年に開業し，店舗面積は約 54,000㎡で，デベナム百貨店とマークス・アンド・スペンサー百貨店を有する．セイントデビッズ 2 は既存のセイントデビッズセンターと連結しており，巨大なモール街を形成している．

　一方，ディストリクト・ローカルセンターも店舗面積が減少し，空き店舗面積が増加している．しかし，最寄品店の店舗面積は維持しており，このことは買い物機会の公平性を保証する開発計画の政策が成果をあげているといえなくもない．

　最後に，センター外の小売店の面積は急激に増加している．表 2-3 は，カーディフ市における 1 万㎡超のセンター外大型店である．最大のリティルパークはカーディフ港に 2006 年に開業したキャピタル・リティルパークであり，次いでカーディフ港のカーディフベイ・リティルパークである．それらは中心市街地より小規模だが，最大のディストリクトセンター（店舗面積 10,456㎡）よりはるかに大きい．また，単独で 1 万㎡を超えるセンター外大型店として，イケアとアスダ・スーパーストアの 2 店がある．2000 年以降に開業した大型店のうち，イケア，キャピタル・リティルパーク，国際スポーツ村の大型店は，

表 2-3　カーディフ市における 1 万 m² 超のセンター外大型店（2010 年）

大型店	開業年	総面積 (m²)
アスダ・スーパーストア	1984	11,063
シティリンク・リティルパーク	1989	12,379
カーディフゲイト・リティルパーク／アスダ・スーパーストア	1995	23,090
カーディフベイ・リティルパーク／アスダ・スーパーストア	1997	24,041
イケア・リティルウェアーハウス	2003	26,000
アベニュー・リティルパーク	2006	12,034
国際スポーツ村（モリソンズ・スーパーストアとトイザラス）	2006	11,573
キャピタル・リティルパーク	2008	36,217

（Cardiff County Council（2010）より作成）

カーディフ港の都市再生の一環として，衰退した工業地域に建設されたものである。国際スポーツ村には 2006 年にモリソンズ・スーパーストア（建物面積 7,857 m²），2007 年にトイザラスが開業した（建物面積 3,716 m²）。それらは離れて立地しているが，表ではそれらを合計した面積を示した。

3-2　カーディフ市ローカル開発計画

カーディフ市では，2015 年現在ローカル開発計画は採用されておらず，1996 年に承認されたローカルプランがカーディフ市の土地利用を決定する指針である（Cardiff City Council 1996）。しかし，以下では，2013 年に刊行されてまだ正式に採用されていない最新のローカル開発計画案を説明する（Cardiff County Council 2013a）。ローカル開発計画案の第 5 章は，「小売店」という題名である。

第 5 章の政策 1 は，新たな住宅地の開発にともない，住民の日常の需要を満たすためのセンターを建設することができることが示されている。しかし，そのセンターは需要を満たす程度の規模であり，既存のディストリクト・ローカルセンターに悪影響を及ぼしてはならない。

政策 2 と 3 は，中心市街地における中心商業地の開発規定である。中心商業地の多様性を増し，その活力，魅力および生存力を強化することが必要であり，そのために既存の施設を改良しなくてはならない。

政策 4 はセンター外における小売開発に関する政策であり，この政策でセンター外に小売店を開発しようとする申請者に課せられる下記の義務が，タウンセンターファースト政策の核となる。

まず計量的必要性を示すことが必要である。次に，連続的アプローチを示す必要がある。最後の影響評価であるが，当該開発が既存のセンターに悪影響を与える可能性がある場合，それらのセンターにおける環境改良に寄与することが，開発条件として付加される。

なお，既存のセンターに立地することが困難なDIY商品の場合，リティルパークのような既存のセンター外集積に立地させることが認められる。

政策5と6は，ディストリクト・ローカルセンターに関する記述である。商圏規模が比較的小さいディストリクト・ローカルセンターでは，その属する階層に適切な規模の開発がなされるべきである。さらに，政策8は，センターの条件から外れるより小規模な小売商業地も保護するべきであることを示す。

最後に，政策7では飲食店の開発は，特に住宅地では許可されないことが示される。

3-3 国際スポーツ村における開発経緯

上述したように，カーディフ市は1990年代以降衰退した工業地域であったカーディフ港において，小売店・スポーツ施設による都市再生を進めている。国際スポーツ村は議会が所有する土地にカーディフ議会と民間企業とのパートナーシップにより開発され（Collins and Flynn 2005），その面積は36.5haであり，観光・スポーツ施設と住宅・商業・ホテル・オフィス施設とが混在する混合利用開発である（図2-3）。

イギリスでは開発許可を求める際に，新規開発の許可を与えるべきかどうかを審査する簡易申請と，個別の開発の詳細を示す詳細申請の2回の申請を行う必要がある（Curran and McDonald 2001）。国際スポーツ村における小売店の建設の承認を得るために，開発者は1998年に簡易申請を提出し，カーディフ市議会はそれを承認した。しかし，その決定に対しウェールズ政府が介入して申請を取り消した。そのため，開発者は1999年に再度，簡易申請を行った。この申請はカーディフ市とウェールズ政府により承認されたが，開発者の計画内容が変更されたために，2001年に3度目の簡易申請がなされ，それは承認された。

2014年現在，国際スポーツ村に開業した大型店は，2006年に開業したモ

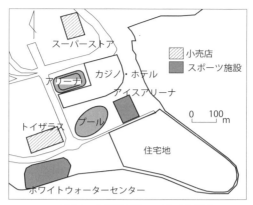

図 2-3 国際スポーツ村の計画図
カーディフ市 HP，2010 年 8 月 10 日閲覧

リソンズ・スーパーストア（総面積 7,857㎡）と 2007 年開業の買回品店であるトイザラス（総面積 3,716㎡）である。

以下では，カーディフ市が行った必要性の評価と，国際スポーツ村において開発者が提出した必要性の評価，連続的アプローチ，影響評価，およびその申請に対するカーディフ市の審査結果を示し，タウンセンターファースト政策のためのツールの実態を紹介する。

4．カーディフ市における将来の必要性評価

カーディフ市は，2011 年に民間のコンサルタント会社に委託して，カーディフ市で将来開発できる小売店の面積を決めるために，小売店の必要性に関する研究を依頼した（Cardiff County Council 2011）。

小売店の必要性研究では、次の手順で開発計画の終了時期である 2026 年に必要となる新規の小売店の売場面積を算出した。また，カーディフ市は人口成長が最も高い予測，もっとも低い予測，その中間の予測の 3 種類の人口変化のシナリオを算出しており，各シナリオで将来必要となる売場面積が予測されている。しかし，カーディフ市は人口増加がもっとも高いシナリオ（カーディフ市の商圏人口が，2008 年の 1,402,331 人から 2026 年の 1,608,053 人に

増加）に従って店舗面積を予測することをコンサルタント会社に依頼した。そこで，以下では最大の人口変化を示すシナリオに沿って，2026年における予測店舗面積を示す。

第1段階：調査対象地域の設定

最初に，カーディフ市中心市街地の商圏（カーディフ市より広い範囲）を18ゾーンに区分して，ゾーン間の消費者の移動パターンを推測した。最寄品（食料品と雑貨類），買回品，バルキー商品（家具，家電製品など）ごとに，主として利用するセンターと副次的に利用するセンターを尋ね，それらのセンターごとに商品種類別の支出割合などを質問した。それにより，商品種類別にセンターごとの市場シェアを推測する。電話調査により推計された2008年における各センターの市場シェアは，2026年でも変わらないと判断した。

調査データは，前回2009年の報告書で行われたものをそのまま利用した。調査は2008年8月から9月までに電話により行われた。サンプル数はゾーンの人口規模により異なり，カーディフ市のゾーンでは各150世帯，残りのゾーンでは人口規模に応じて100世帯以上がランダムに選定された。合計4,000世帯に対する電話調査の結果，有効データは2,067世帯であった。

第2段階：消費者需要の予測

この段階で，ゾーン別に2026年の人口と消費支出を予測した。消費支出は，2026年の商圏内消費支出と，カーディフ市の商圏外から流入する観光客の支出からなる。

商圏内における消費支出は，2026年における予測人口に，2026年における一人当たり支出の予測値を乗じることにより得られる。カーディフ市が予測した18ゾーンごとの将来人口に対し，最寄品，買回品，バルキー商品別に将来の総支出を求めた。一人当たり消費支出は，コンサルタント会社であるエクスペリアン社の推計データを用いた。なお，消費者価格は2007年度で固定している。2008～2026年における一人当たり買い物支出の成長は，不況を考慮して，-1.6～6.9％と想定した。その結果，2008年から2026年までに，カーディフ市の商圏全体で，最寄品の総支出は50,160万ポンド，買回品は181,300万ポンド，バルキー商品は70,870万ポンド増加するとみなした。

次に，カーディフ商圏外から，カーディフ市で宿泊する観光客の支出を推計

する。観光客の支出の90％が買回品，10％が最寄品と想定し，観光客はカーディフ市の中心市街地とカーディフ港だけを利用すると想定した。2008年における観光客の買い物支出額は，約2,780万ポンドと推計した。その年間成長率は，2011年まで増加しないが，2012～2026年まで年間5.0％増加するとみなした。2026年のカーディフ市における総支出額は，観光客による支出額と，上述した商圏住民の買い物支出とを加えた額である。

なお，インターネット販売などの非店舗販売の割合は増加しているとはいえ，インターネットを介したスーパーストアでの販売も含むので，2026年時点で全支出に占める割合を最寄品で5.3％，買回品で10.0％程度であると推計した。

第3段階：現在（2008年）の小売店の供給状態

第3段階では，2008年における店舗面積を，業種別・立地別に算出した。店舗面積は，建物面積から倉庫や階段などの販売に供されない部分を除く，販売のために用いられる面積である。ウェールズでは日本の商業統計に相当する全数調査の統計が存在しないので，カーディフ市が発行した中心市街地，ディストリクト・ローカルセンター，センター外小売施設に関する報告書を利用した（Cardiff County Council 2007, 2008; Colliers CRE 2008）。

第4段階：2008年における供給と需要の関係

第4段階では，2008年における小売店の店舗面積の供給が需要に対して適切かどうかを判断した。第2段階で予測した支出額の増加のすべてを新規に建設される店舗面積に利用できるわけではない。調査時点の2008年で対象地域の小売店の競争が激しく供給過剰であれば，増加した支出額のすべてを新規店舗が利用することはできず，一部を既存店舗の販売額の上昇に振り分けなければならない。そこで，全国の小売企業の平均売場効率（1㎡当たり販売額）と，2008年におけるカーディフ市の最寄品，買回品，バルキー商品ごとの売場効率とを比較した。その結果，カーディフ市の買回品の売場効率は全国平均より11,300万ポンド高かった。すなわち，2008年段階で買回品の需要に対し供給は不足しているとみなせるので，新規の買回品の必要性があると判断できる。一方，最寄品とバルキー商品の販売額は，それぞれ全国平均より4,700万ポンド，5,300万ポンド低く供給過剰と判断できた。すなわち，最寄品とバルキー商品に関して，消費支出の増加から供給過剰分を差し引いた値が，新規店舗面

積の必要性に振り分けられる。

 第5段階：2026年における店舗面積の必要性の算出

　第5段階では，最終的に必要となる店舗面積を予測するが，それは次の段階を経る。

　第1に，第4段階までで，2008年現在の既存の小売店の需給状態を評価したが，それを考慮しても，消費支出の増加のすべてが新規店舗面積の必要性に用いられるわけではない。既存の店舗の販売努力により売場効率が上昇することを考慮する必要がある。そこで，最寄品と買回品別に，2008年から2011年までは売場効率が減少するが，2012年から2026年までの売場効率の年間成長率はそれぞれ0.5％以下，2.3％以下であると推計した。この既存の小売店の売場効率の上昇を差し引いて，新規店舗面積に配分される支出額の予測値を，最寄品，買回品，バルキー商品ごとに，各ゾーンとエリア全体で求めた。

　また，2008年以降に開業した小売店の店舗面積と，本報告書が作成された2010年に開発許可を得た小売店の店舗面積も算出した。開発許可を得た小売店のすべてが許可を得た店舗面積で開業すると想定すると，それらが吸引する消費支出を，2026年までにおける消費支出の増加から差し引く必要がある。

　表2-4は，2008～2010年までに開業した小売店と，開発許可を得ているがまだ開業していない小売店の店舗面積を業種別に示したものである。中心市街地ではセイントデビッズ2・ショッピングセンターの開業により広大な買回品店が建設され，建設予定地にあった最寄品店553㎡が廃業した。一方，最寄品の開発予定はディストリクトセンターに集中し，買回品とバルキー商品の開発はセンター外に集中する。ローカルセンターでは，新規の小売店開発予定はなかった。なお，ウェールズでは大型店と中小規模小売店との区別をつけず，それらすべてを合計した店舗面積の総量で必要性を算出し，新規に開発申請をする場合の規制材料としている。

　最後に，2026年に必要となる新規店舗面積を最寄品，買回品，バルキー商品ごとに求めた。

　最寄品に関しては，カーディフ市全体で2026年に6,590㎡の新規店舗面積の必要性が確認された。ゾーン別の分析では，需要と供給のギャップはほとんど存在しないが，カーディフ商圏の北部と東部でわずかに供給不足が起こる可

表 2-4　カーディフ市の 2008 ～ 2010 年に開業・計画許可を得た店舗（㎡）

	最寄品		買回品		バルキー商品	
	開業	未開業	開業	未開業	開業	未開業
中心市街地	-553	0	54,036	0	,2886	0
ディストリクトセンター	0	3725	0	3,084	0	0
ローカルセンター	0	0	0	0	0	0
センター外	7,841	1,162	13,726	10,401	5,490	12,452

（Cardiff County Council 2011 より作成）

能性を示している。

　一方，買回品の場合，2026 年にカーディフ市全体で，これ以上店舗面積を増やす必要性はないと判断された。ただ，ゾーン別にみると，中心市街地では 2026 年で新規に 12,060㎡の買回品の店舗面積の必要性があることが示された。ただし，中心市街地における大規模小売開発の許可には慎重になるべきことが勧告された。一方，その他のゾーンにおけるディストリクト・ローカルセンターでは，既存の小売店の売場効率は全国水準より低いので，消費支出の増加分は既存の店舗の生産性改善に用いられるべきである。そこで，本報告では，ディストリクト・ローカルセンターにおいては，新たに店舗を誘致する政策ではなく，既存の店舗の改善と買い物環境を向上する政策を提案している。

　最後に，バルキー商品の場合も，買回品と同様に，2026 年に新規店舗面積の必要性がないと判断された。バルキー商品の需要は 2026 年まで大幅に成長するが，2008 年時点で全国平均より低い売場効率であった既存のバルキー商品小売業の経営の改善のために消費支出の増加分が利用されることになる。報告書では，新たなバルキー商品の必要性がないので，新規の大型店を誘致するのではなく，センター外にある老朽化したリティルパークの改善と，空き店舗の充填を検討するべきであることが提案されている。

　なお，上記の結果は，本報告書が作成された 2010 年時点で開発許可を得た小売店の店舗面積がすべて開業することを前提としているが，実際に開業する小売店の店舗面積はそれより低いと考えられる。イギリスでは開発許可を得てから建設するまでに数年以上かかることが多いので，経済状況の変化などにより，開発許可を得た店舗面積よりも小さい面積で開業することや，開発を取りやめることがある。その場合，買回品とバルキー商品に関して，新規店舗面積の必要性が生じることになる。また，最寄品，買回品，バルキー商品それぞれ

で，既存の店舗の生産性の上昇が上記で予測したより低い場合も，新規店舗面積の必要性が生じる。しかし，それらの想定は，ローカル開発計画案に提案されなかった。

前述したカーディフ市の開発計画案では，開発計画の作成に情報を与えた報告書のリストに，上記の小売店の必要性報告書が示されているが（Cardiff County Council 2013b），各センターにどの程度の店舗面積を配分するか，具体的な数字を掲載していない。これは，上述した報告書で新たな開発の必要性が示されていないため，既存の小売店とその環境改善が政策とされたためと思われる。また，例えば，2,500㎡の新たな最寄品店の必要性が示されたとしても，それを1店舗の大型店とする場合もあるが，多数の中小小売店で充当する場合もあることが，最新のウェールズの指針案で，示されている（Welsh Government 2015）。

5. 開発者による連続的アプローチと影響評価

国際スポーツ村は，衰退したカーディフ港を再生する計画の一環として建設されたものである。大型店の建設を希望する開発者は，最初の簡易申請を1998年にカーディフ市に提出した（King Sturge & Co. 1998a）。それは，スポーツ施設，オフィス，住宅，小売店を含む混合開発である。申請では建物面積21,840㎡の大型店が提案された。それらは，11,617㎡の買回品店，8,364㎡のバルキー商品店，1,859㎡のスポーツ・レジャー商品店である。

国際スポーツ村はセンター外立地であるので，開発の申請には必要性の評価，連続的アプローチ，影響評価が必要であるが，1998年に申請された最初の簡易申請では、必要性の評価は提出されず、連続的アプローチと既存のセンターに対する影響評価だけが提出された。

5-1　1998年申請における連続的アプローチ

連続的アプローチに関して，申請者は、申請に示された建物面積21,840㎡の開発ができる可能性がある場所として，カーディフ市とその隣接自治体の中心市街地とその縁辺部、カーディフ市のディストリクトセンターとその縁辺部

の計 25 地点を示した。それらの場所は再開発が予定されている場所か、駐車場、空き店舗であり、それぞれ 711㎡ 〜 1.9ha の面積を持つ。申請者はそれらの面積、土地所有者の開発意向、都市計画図における土地利用の指定などを考慮し、それらの場所で大型店が開発できるかどうかを検討した。その結果、面積が狭すぎる土地、土地所有者が大型店開発を好まないと判断された土地、センター縁辺部でも都市計画図において大型店開発が不適な場所は却下された。しかし、カーディフ市の中心市街地と縁辺部で、大型店を開発できる場所が 7 地点あった。提案された大型店を分割して立地させると、中心市街地の 7 地点のいずれかで立地することは可能である。だが、その場合、大型店が国際スポーツ村と離れて開業することになる。そこで、申請者は大型店を含まない国際スポーツ村の開発は成功せず、カーディフ市が推進しているカーディフ港の都市再生も実現できないことを強調した。スポーツ施設は一般に投資に対して適切な利益を短期間で回収できない場合が多く、短期間で利益を上げることができる大型店の協力が必要である。

5-2　1998 年申請における影響評価

国際スポーツ村で計画された大型店による既存のセンターの活力と生存力に対する影響の分析手順は、地方自治体が行う必要性の評価と類似する（King Sturge & Co. 1998b）。

第 1 に、国際スポーツ村の大型店の主要商圏は、国際スポーツ村から 30 分のドライブ距離と設定した。その範囲内には、カーディフ市の中心市街地と、近隣の地方自治体の中心市街地だけではなく、カーディフ港とその周辺のセンター外大型店とリティルパークが含まれる。その範囲内にある主要センターとセンター外小売店の店舗面積、および開発許可を得た小売店の建物面積が示された。

第 2 に、主要商圏内における 1998 〜 2003 年と、2003 〜 2006 年までの人口変化を予測した。人口増加率は、5 年間で 1.7％と想定し、主要商圏内人口は 1998 年の 814,129 人から 2003 年の 827,670 人に増加すると推計した。

第 3 に、買回品に関する消費支出を推計した。1998 年の 1 人当たり支出を 15 分以内ドライブ圏 1,656 ポンド、15 〜 30 分ドライブ圏 1,662 ポンドと想

定し，2003年の1人当たり支出を，それぞれ2,192ポンド，1,980ポンドと算出した。その消費支出に2003年の人口を乗じて，主要商圏の支出は1998年で135,193万ポンド，2003年で163,740万ポンドと推計した。

第4に，申請された大型店の販売額は2003年で4,174万ポンドと推計し，この大型店が各センターから奪う消費支出額が推計された。大型店がカーディフ市の中心市街地から奪う消費支出額は，中心市街地の全販売額のわずか1.7％である。そのため，申請者は，国際スポーツ村の小売店開業による既存のセンターへの影響はほとんどないと結論した。

6. カーディフ市による連続的アプローチと影響評価

6-1　1998年市の報告書

以上の申請に対して，カーディフ市は，当時のカーディフ市の土地利用に関する指針である1996年ローカルプランに基づいて，以下の評価を行った（Cardiff County Council 1998）。

まず，都市計画図において，この一帯は主として業務・工業・倉庫地域に指定されている。申請では4万㎡弱のオフィス開発が計画されていることから，都市計画図の用途に適すると判断された。また，1996年ローカルプランは，カーディフ港における都市再生を目標とする。カーディフ市は国際スポーツ村の開発が市の国際的競争力を増すばかりではなく，カーディフ港住民の必要性も満たす点で，カーディフ港の都市再生に寄与すると判断した。

連続的アプローチに関しては，提案者が認めているとおり，この大型店開発の適地が中心市街地内にあるので，連続的アプローチの基準を満たしていないことが指摘された。しかし，この大型店が国際スポーツ村全体の成功に不可欠であることと，特にスポーツ関係商品の販売はスポーツ施設に近接立地することが重要であると判断され，連続的アプローチを満たす必要がないことが指摘された。

次に，影響評価に関しては，中心市街地への影響が過小評価していることが指摘された。しかし，開発の販売商品を制限することにより，中心市街地に対する影響を緩和することができる。また，申請者はディストリクト・ローカル

センターに対する影響がほとんどないことを主張したが，市はそれを非現実的であると判断した。それでも，新規開発の販売商品を制限することにより，ディストリクト・ローカルセンターに対する影響も小さくできるとみなされた。

　最終的に，カーディフ市は，この大型店が国際スポーツ村と関係ないものであれば拒否されるべきものであるが，国際スポーツ村の建設と不可分であることを考慮して，道路の改良とバス優先レーンの建設などの資金を提供することを条件として，建物面積21,832㎡の小売店を許可した。そのうち，11,612㎡はスポーツ関係の商品に限定された買回品店，8,361㎡はバルキー商品店，さらに，小売店と飲食店からなる1,858㎡のモールである。その他に6,470㎡のカフェバーとレストランを許可した。なお，スポーツ店とバルキー商品店は，900㎡以下の店舗に分割しないことを条件とした。

　だが，このカーディフ市の決定に対しウェールズ政府が介入し，政府により本開発申請は最終的に却下された。

6-2　1999年市の報告書

　翌1999年に，申請者は第2回の簡易計画を提出し，小売店の総店舗面積は9,999㎡，飲食店の面積は5,575㎡に縮小された（Cardiff County Council 1999）。店舗面積のうち，バルキー商品だけを販売する店舗はなくなり，スポーツ商品とバルキー商品の双方を販売する店舗が4,750㎡，中心市街地と競合しないように，ファッション商品と宝石を除く買回品を販売する店舗が1,999㎡，さらに，第1回の申請ではなかった食料品・日用品店が3,250㎡申請された。審査内容として，カーディフ市は申請者に対し，第1回の際に審査された連続的アプローチと影響評価に加えて，必要性の評価を要求した。しかし，申請者は必要性の評価を示さず，大型店と飲食店がこの開発全体を支えるために不可欠であることを主張しただけであった。そのことをカーディフ市は了承した。これは，スポーツ施設の立地による観光客の増加と新規住民，および新たに建設されるオフィスの従業者などにより，新規大型店立地のための必要性の条件を満たすことができると市が判断したためであろう。

　連続的アプローチに関しては，前回と同様に中心市街地に立地適地があるので，連続的アプローチの証明に失敗していることが指摘された。しかし，前回

と同様に，スポーツ施設を主体とする都市再生に大型店の開発が不可欠であることをカーディフ市は認め，連続的アプローチの証明は必要ないと結論した。

　今回の申請では食料品店が新たに申請され，それによる中心市街地に対する影響はほとんどないと評価された。カーディフ市は近隣のディストリクトセンターに対する影響評価を要求したが，申請者はそれを示さなかった。それでも，カーディフ市は小売店の面積が大幅に削減されたことにより，既存センターに対する影響が少ないと判断した。

　最終的に，カーディフ市は，前回と同様に，この申請は国の政策やローカルプランの政策に反するので拒否されるべきものであるが，国際スポーツ村の建設と不可分なものであるので連続的アプローチを満足させる必要はなく，それがもたらす利益と既存のセンターに対する悪影響とのバランスを考慮して，以下の条件を付加することで許可できると結論した。それらは，大型店開発者が道路の改良と，バス優先レーン，自転車と歩道の建設などの資金を提供することである。

　この結論に対しウェールズ政府は介入をしなかったので，計画は実現することとなった。

6-3　2001年市の報告書

　しかし，第2回の申請書類の内容がさらに大幅に変更され，2001年に新たな簡易計画が申請された（Cardiff County Council 2002）。2001年の申請では，1999年申請に比べて大幅に小売店の面積が拡大され，オフィス開発を断念し，カジノの建設を加えた。小売店の申請に関して，カーディフ市は建物面積27,883㎡を許可した。内訳は，14,877㎡のバルキー商品店，3,716㎡のスポーツ関連商品店，9,290㎡の食料品店，7,050㎡の飲食店である。バルキー商品店と食料品店は2店舗以上に分割することが禁止された。また，この申請における食料品店はスーパーストアであるので，店舗面積の30％を上限として買回品の販売が認められた。

　オフィス開発が計画から削除されたことから，この申請は明らかに都市計画図における業務・工業・倉庫地域の指定に反するものであるとカーディフ市は判断した。しかし近年の経済状況を考慮すると，当該地はオフィス開発にとっ

て魅力的とはいえないことも認めた。

　次に，必要性の評価，連続的アプローチ，影響評価に関しては，申請者とカーディフ市の評価は以下のとおりである。

　必要性に関して，申請者は住宅の新設により需要が増加することと，大型店の開業によりカーディフ港住民の商品選択幅が拡大し，彼らが遠方まで買い物に行く必要がなくなるので持続可能な開発に寄与することを主張した。しかし，カーディフ市は申請者の必要性の評価の正当性を認めなかった。一方，飲食店は観光客のために不可欠であると判断された。

　連続的アプローチに関して，申請者は以前の申請と同様に，国際スポーツ村から大型店を分離することは不可能であると主張し，カーディフ市もその見解を認めた。

　最後に，影響評価に関しては買回品と最寄品とで別々に評価された。買回品に関して，申請者はこの開発の影響を受けるのはセンター外大型店であり，既存センターに対する影響はほとんどないと主張した。この主張をカーディフ市は認めた。次に，最寄品に関しては，スーパーストアの立地による中心市街地からの流出額は，中心市街地の販売額の0.3％にすぎず，他のセンターに対する影響もないと申請者は主張した。その主張をカーディフ市は非現実的であると判断したが，最終的にカーディフ市はカーディフ港におけるスポーツ村開発の経済的・社会的利益の大きさを重視し，インフラストラクチャの整備資金を提供することを条件として開発を許可した。ウェールズ政府もそれを認めたので，この開発は実現することとなった。

　このように，国際スポーツ村では，2001年に27,883㎡の小売店が許可されたが，上述したように，2014年現在スーパーストアと買回品店であるトイザラスが開業しただけであり，スポーツ関連商品を販売する小売店は開業していない。

7. タウンセンターファースト政策の日本への適用可能性

　第1章で示したように，日本では2014年に都市再生特別措置法が改正され，立地適正化計画が設定された。立地適正化計画は，複数の都市機能誘導区域とそれを囲む居住誘導区域を指定し，都市機能誘導区域には医療・福祉・商業などの都市機能を誘導して，都市機能誘導区域の外ではそれらの都市機能の立地を制限する。都市機能誘導区域に指定される範囲は，都市の主要な中心部である中心拠点と，合併前旧町村の中心部や歴史的に集落の拠点としての役割を担ってきた生活拠点などであり（国土交通省 2015），中心拠点が中心市街地といえよう。それにより，中心市街地の範囲を都市計画図に示すことができるようになる。この点で，立地適正化計画は，イギリスのタウンセンターファースト政策に類似する制度といえる。しかし，立地適正化計画だけで，中心市街地を守ることはできるのだろうか。以下では，イギリスのセンターファースト政策のためのセンターの設定，必要性の評価，連続的アプローチ，影響評価を日本に適用できる可能性を，日本の都市計画の制度を念頭に置いて示す。

　タウンセンターファースト政策は，中心市街地を維持・強化するだけではなく，持続可能な開発の原理に基づいて，買い物施設を含める日常生活を支える生活拠点としてのディストリクト・ローカルセンターと，都市全域を商圏とするシティセンターからなるセンターの階層構造を維持・強化する政策である。センターはその階層に適する役割を担うために，維持・整備される。センターの配置は，クリスタラー的な中心地理論に従う。すなわち，消費者が最も身近な場所にあるローカルセンターを徒歩で利用し，主たる最寄品と一部の買回品の買い物をディストリクトセンターに依存し，さらに，買い物頻度が少ない買回品を中心市街地に依存することを前提として，センターを配置するのである。イギリスの都市計画の指針において中心地理論に基づいて都市内にセンターを配置する理由は，消費者の買い物機会に関する公平性を実現するためといえる。そのため，消費者の生活の維持に必要なセンターは保護するが，ロードサイド型店舗のような消費者の生活にとってそれほど重要性が少ない小売店の集積地

は，同じ商業集積地ではあるが，センター外として地方自治体が維持・発展する対象ではない。また，階層構造の下位にあるディストリクト・ローカルセンターは，その都市内における役割を果たすのに十分な機能を有することが必要とされ，それぞれが属する階層を超える機能を集積することは避けられる。例えば，ディストリクトセンターを活性化する場合，食料品と日用品を主体とするスーパーストアの誘致は許可されるが，百貨店や高級専門店の開発は原則として認められない。すなわち，各センターの活性化は，地方自治体が定めた開発計画においてそのセンターが果たすべき役割を満たすために行われるべきものであり，活性化のための開発の上限が定められているといえる。

　日本の中心市街地活性化法は，中心市街地を活性化する法律である。日本でも近年，身近な買い物機会が不足するフードデザート問題が注目されているが（岩間 2011），中心市街地を活性化することと，都市内のフードデザート問題を解決することは，別な問題として扱われざるを得ない。一方，都市再生特別措置法における立地適正化計画では複数の都市機能誘導区域が指定でき，多極ネットワーク型のコンパクトシティの考え方に基づく都市を形成できる。都市機能誘導区域の中で，中心拠点をシティ・タウンセンター，生活拠点をディストリクトセンターとみなすと，この構造はイギリスにおけるセンターの階層構造の設定に類似する。しかし，都市機能誘導区域の間で明確に階層構造が設定されているわけではなく，都市によってはさまざまな都市機能誘導区域の類型が考案されている。郊外に百貨店・総合スーパーや映画館が開発され，その商業集積地が中心市街地と競合する存在になっている都市は実在する。郊外ショッピングセンターの周辺に住宅地が発展し，オフィスや病院，一部の公共施設が立地して，バス路線などの公共交通とのアクセスが良好である事例もある。その場合，地方自治体が伝統的中心市街地を中心拠点と位置づけて行政施設を集中させても，郊外ショッピングセンターが都市内最高位の商業拠点として機能するだろうし，そのエリアを都市機能誘導区域として発展させるべきであるとの議論も生じるだろう。センターを明確に定義しているイギリスでも，郊外のセンター外ショッピングセンターを，新たにセンターとした例はある（根田 2012）。また，郊外駅前の衰退エリアなどを都市機能誘導区域に設定する場合，そこに大型店を誘導することができる。都市機能誘導区域の種類別に立

地できる小売店規模の上限を定める試みはあるが，イギリスのように販売商品の種類を制限することは難しいだろう。中心市街地の外にある都市機能誘導区域が，逆に中心市街地に匹敵する商業集積地を開発できるツールとならないような措置が必要である。また，都市機能誘導区域では，イギリスのローカルセンターに相当する区域が設定されていない。イギリスのローカルセンターのような，徒歩で生活に必須な商品とサービスを得られる生活の核を設定してもいいのではないか。

次に，必要性の評価は，地方自治体が行うものと，開発の申請者が行うものの2種類がある。地方自治体が行う必要性の評価は，持続可能な開発に基づき，過剰供給と供給不足を避け，需要と供給のバランスのとれた開発を地方自治体の主導の下で行うために必要なツールである。カーディフ市では2016年までに新たな小売店の開発の必要性がないことを確認し，既存の小売店の改良と空き店舗の充足を政策に掲げた。これ以上小売店を増やすことは既存の店舗を廃業させ，需要と供給のバランスを欠くことになり，センターの階層構造を崩壊させる可能性があると判断したのである。日本の都市計画運用指針では，約10年後に必要となる商業用地を算出することが望ましいとされるが，それは市街化区域の面積を拡大・縮小するためのものであり，需要と供給との関係を明瞭に考慮するものといえない（国土交通省，2015）。実際の商業施設の配置は用途地域や立地適正化計画により定められるが，さらに踏み込んで，都市の区域別に必要となる住宅戸数を定め，その人口規模に必要となる商業施設を種類別に都市機能誘導区域別に配置する都市計画を作成することが考えられる。

連続的アプローチは，開発の申請者がセンター外における小売店の開発場所を検討する前に，既存のセンター内とセンター縁辺部で立地できる可能性を徹底的に検討するもので，それらの場所で開発できる適地がないことを証明しないかぎり，地方自治体は開発許可を与えないものである。日本の立地適正化計画は連続的アプローチと類似した特徴を持つ。しかし，立地適正化計画では，都市機能誘導区域外から都市機能誘導区域に民間事業者が移転する際に，税制などの優遇措置を行うが，都市計画法における用途地域規制に適合する規模の小売店が，都市機能誘導区域外に新規に立地することを積極的に禁止する意図はない。1万㎡未満の大型店が立地できる用途地域は多く，それらの立地規制

が必要である。

　センター外大型店の開発申請の際に，既存のセンターに対する影響評価を実施することは，日本では難しいかもしれない。2000年に廃止された大規模小売店舗法では，「中小小売業の事業活動の機会を適正に確保する」ために，大型店による中小小売店の事業活動への影響が評価され，その影響が著しく大きい場合，当該大型店に対し店舗面積の削減などの措置がとられた（産業省産業調査会 1992）。中小小売店に対する影響評価を単純に復活させることはそれらの既得権を守り，新規に開業しようとする小売店にとって参入障害となるので好ましくない。しかし，都市構造において必要な場所に，生活に必要な商品とサービスを提供する拠点を配置・整備することを計画する場合，その計画に悪影響をもたらす可能性がある施設の開発を規制することは必要である。すなわち，既存の小売店を守るのではなく，都市構造上必要な生活拠点を維持するための影響評価を設定することは必要であろう。そのような政策を実現するために，住民の生活を支えるために必要な拠点（例えば，近隣商店街）を都市機能誘導区域として設定し，その外にあるロードサイド型店舗の集積地における大型店の開発の際に，近隣の都市機能誘導区域に対する影響評価を実施してもいいのではないか。

　日本の都市計画の制度において，都市計画法は規制を通じて都市全体の土地利用を適正に配分するものであり，都市再生特別措置法における立地適正化計画は都市施設の誘導を図るための制度と位置づけられている（国土交通省 2015）。これらの制度は，コンパクトシティを形成するために非常に有用なツールである。しかし，立地適正化計画の作成は，市町村にとって義務ではない。都市計画法における用途地域規制と，立地適正化計画で設定される都市機能誘導区域への都市施設の誘導とをいっそう効果的に行うためには，これらの制度を一体化して，規制と誘導とを両輪とする都市計画の制度を設立することが望ましいと考える。

　上述したように，イギリスの小売店の配置計画は，持続可能な都市を形成するために優れたものである。しかし，イギリスの都市計画にも問題はある。カーディフ市の国際スポーツ村開発者により提出された必要性の評価，連続的アプローチと影響評価のすべてを，カーディフ市は証明できていないと否定し

た。ウェールズ政府の指針に従うと，この開発申請は拒否されるべきであった。しかし，国際スポーツ村の開発は，カーディフ市にとって衰退エリアであるカーディフ港を再生するために不可欠な開発であった。そのため，国際スポーツ村の開発申請の審査において，カーディフ市は大型店の開発と国際スポーツ村の住宅・スポーツ施設の開発を分離不可分のものと考えて審査し，インフラストラクチャの整備資金を提供することを条件として許可したのである。イギリスでは，短期的に投資を回収できない文化・スポーツ施設に付随する大型店の開発は，都市間競争に勝利するための措置として重要視されている（根田 2011b）。さらに，センター外の開発でも，衰退エリアの再生は市街地の拡大ではなく再利用であるので，コンパクトシティの形成に寄与する。大型店の開発規制が厳しいといわれるイギリスでも，このようなことが生じる。日本でも，市街化区域の外に大型店が立地することは防げても，市街化区域内の都市機能誘導区域の外の衰退エリアで，用途地域の規模制限に適合する大型店が立地を表明する場合，それを拒否することは難しいだろう。さらに，そのような衰退エリアを都市機能誘導区域に設定することにより，大型店を誘致する可能性はないだろうか。市街地の拡大を抑制することと，必要な都市施設を必要な場所に配置する政策とを区別して考える必要がある。イギリスの事例を参考として，日本の実情に適するコンパクトシティを形成するための都市計画の制度を，いっそう検討する必要があろう。

参考文献
伊東 理 2011.『イギリスの小売商業 政策・開発・都市―地理学からのアプローチ―』関西大学出版部.
岩間信之編 2011.『フードデザート問題―無縁社会が生む「食の砂漠」』農林統計協会.
国土交通省 2015.『第 8 版都市計画運用指針』http://www.mlit.go.jp/toshi/city_plan/crd_city_plan_fr_000008.html（最終閲覧日：2015 年 4 月 16 日）
産業省産業調査会 1992.『1992 年度大規模小売店舗法の解説』通商産業調査会.
土屋純・兼子純編 2013.『小商圏時代の流通システム』古今書院.
内閣官房地域活性化統合事務局中心市街地活性化推進委員会 2013.『中心市街地活性化に向けた制度・運用の方向性』http://www.kantei.go.jp/jp/singi/tiiki/chukatu/iinkai/index.html（最終閲覧日：2014 年 2 月 5 日）
根田克彦 2004. 商業立地政策としてのゾーニング規制の有効性. 荒井良雄・箸本健

二編『日本の流通と都市空間』古今書院，75-90.
根田克彦 2006．イギリスの小売開発政策の特質とその課題―ノッティンガム市の事例―．地理学評論，79，786-808.
根田克彦 2008．イギリス，シェフィールド市における地域ショッピングセンター開発後の中心商業地とセンター体系の変化．人文地理，60，217-237.
根田克彦 2011a．イギリス，カーディフ市におけるセンター外大型店の計画許可の審査過程．日本都市計画学会都市計画報告集，No.10，72-77.
根田克彦 2011b．イギリスにおける都市間競争のための大型店の活用．SC JAPAN TODAY，435，16-19.
根田克彦 2012．イギリス，ダドリィ市におけるメルーヒル広域ショッピングセンターの中心市街地化．日本都市計画学会都市計画報告集，No.11，9-14.
根田克彦 2013．イギリスにおけるタウンセンターファースト政策を支える必要性の評価と影響評価．日本都市計画学会都市計画報告集，No.12，108-113.
横森豊雄・久場清弘・長坂泰之 2008．『失敗に学ぶ中心市街地活性化―英国のコンパクトな街づくりと日本の先進事例―』学芸出版社．
Cardiff City Council 1996. *City of Cardiff local plan including waste policies*. Cardiff: Cardiff County Council.
Cardiff County Council 1998. *Cardiff Council Planning Committee Report* (Committee Date 30/09/1998).
Cardiff County Council 1999. *Cardiff Council Planning Committee Report* (Committee Date 21/04/1999).
Cardiff County Council 2002. *Cardiff Council Planning Committee Report* (Committee Date 10/07/2002).
Cardiff County Council 2007. *Cardiff city centre: Land use and floorspace survey*.
Cardiff County Council 2008. *Cardiff out of centre retail stores*.
Cardiff County Council 2010. Cardiff out of centre retail stores.
Cardiff County Council 2011. *Retail capacity study - update volume 1: consultants report. prepared by Colliers International*. https://www.cardiff.gov.uk/ENG/resident/Planning/Local-Development-Plan/Evidence-Base/Pages/Evidence-Base.aspx（最終閲覧日：2014年6月7日）
Cardiff County Council 2013a. *Cardiff local development plan 2006 - 2026: Deposit plan*. https://www.cardiff.gov.uk/ENG/resident/Planning/Local-Development-Plan/Deposit-Plan/Pages/Deposit-Plan.aspx（最終閲覧日：2014年6月07日）
Cardiff County Council 2013b. *Cardiff local development plan 2006 - 2026: Deposit plan appendices*.
Colliers CRE 2009. *Cardiff County Council retail capacity study*. http://www.cardiff.gov.uk/content.asp?nav=2870,3139,3154,5845,5846,5847,5848&parent_directory_id=2865&id=9353 （最終閲覧日:2010年1月18日）
Colliers CRE 2008. *District and local centre floorspace survey*.
Collins, A. and Flynn, A. 2005. A new perspective on the environmental impacts

of planning: a case study of Cardiff's International Sports Village. *Journal of Environment Policy and Planning*, 7(4), 277-302.)

Curran, S. & McDonald, D. 2001. *Land use and planning and your business*. The Stationary Office : 36.

Guy, C. 2007. *Planning for retail development: a critical view of the British experience*. Abingdon: Roultedge.

King Sturge & Co. 1998a. *The sequential approach. Proposed mixed use development. Land at Ferry Road and Ely Field, Grange Town, Cardiff. Application Reference 98/650R for Philips and HBG Consortium.*

King Sturge & Co. 1998b. *Appendices to the retail impact assessment. Proposed mixed use development. Land at Ferry Road and Ely Fields, Grange Town, Cardiff"*, Application Reference 98/650R for Philips and HBG Consortium.

Lowe, M. 2005. The regional shopping centre in the inner city: A study of retail-led urban regeneration. *Urban Studies* 42: 449-470.

Welsh Assembly Government 2014. *Planning policy Wales Edition 7*. http://gov.wales/topics/planning/policy/ppw/?lang=en　(最終閲覧日：2015 年 11. 月 19 日)

Welsh Office 1996. *Planning guidance (Wales) technical advice note (Wales) 4: Retailing and town centres*. Welsh Office: Cardiff.

第3章
イギリス中心市街地の開発・再生の歴史
―第二次世界大戦後以降のシティセンターの展開―

伊東　理

1．はじめに

　日本の中心市街地は総じて停滞ないし衰退傾向にあるところが多いのに対して，イギリスの中心市街地は比較的良好な状態で推移し，その再生も進んできたものといわれている。そのため，日本の中心市街地の活性化の方策として，イギリス中心市街地の再生，活性化に着目する研究や事例紹介などがなされている書籍も少なくない。

　わが国でのイギリス中心市街地の再生に関する研究・紹介は中心市街地の小売商業の活性化の実態や方策を中心に取りあげられてきたが（横森ほか2001，横森ほか2008，足立2013），実際のイギリス中心市街地の再生は多様な視点と地域的側面から総合的，計画的に展開してきているところに特徴がある。また，イギリスの中心市街地の開発・再生は，第二次世界大戦後以降ほぼ一貫して進められてきた歴史があるにもかかわらず，日本ではイギリスの中心市街地の再生は1990年代以降のことであるように捉えられがちである。

　加えて，地理学の視点からすると，日本では中心市街地の定義とその範域などについても，必ずしも明確になっていないことも問題となる。したがって，そもそも中心市街地とは何か，またイギリスではどのようなところを中心市街地と考えられているのか，といったところを明らかにしたうえで，研究や議論を始めるべきあろう。

　本章では，まず中心市街地の定義を考え，そしてイギリスで中心市街地に相当するものと考えられるシティセンターについて検討し，その後第二次世界大戦後以降のシティセンターの開発・再生の歴史をみることとする。本章でシティ

センターの歴史をみる意義は，戦後のシティセンターの開発・再生の歴史が戦災都市の復興計画に始まるものとされ，1947年都市農村計画法の施行を出発点とした地域計画政策を主軸にして，時代の進展につれて適宜提起されてきた各種のシティセンターの開発・再生に関する施策や方策が一定の成果を挙げてきた半世紀以上にわたる歴史の積み重ねのうえに，今日のシティセンターの良好な状況があると考えられるからにほかならない。

　戦後のシティセンターの歴史は，1980年を境にして大きくは二つの時期に分けることができる。1980年以前のシティセンターでは，戦災復興都市を皮切りにして，小売商業やオフィス活動に重点をおいて，狭義のシティセンター内での再開発による小売商業地区の近代化・活性化と交通問題の解消をめざす都市の建造環境整備事業を中心として進められてきたことに特徴がある。加えて，1960年代末から1970年代の初頭にかけて，地域計画政策の体系が確立し，第2章で論じられているように，1980年代を除けば日常生活圏（都市圏）レベルでの既存の小売商業地の地域的体系を維持・強化する一方で，アウトオブセンターでの小売商業開発を規制することにより，小売商業地の体系の頂点に位置づけられたシティセンターの地位は安定的に推移する仕組みが確立することとなった。

　そしてさらに1980年代以降，シティセンター再生・維持・強化のために，新たな組織の確立，再生事業補助金制度の創設，再生事業実施方式の改変などが実施され，またシティセンターに隣接するインナーシティエリアをも含めた従来よりも広い範囲をシティセンターと定義付けて，以前とは異なったシティセンターの機能的多様化，住宅開発・複合型開発などをめざしたシティセンター再生事業が展開することとなり，今日に至っている。

2．中心市街地の概念とイギリスのシティセンター

2-1　中心市街地とは

　中心市街地という用語はさまざまな分野で用いられるが，その定義は必ずしも明確ではない。しかしながら，地理学では，概ね①その形成時期が近代以前か，あるいは近代以降でも路面電車，バス，鉄道などの公共交通に重点が置か

れた時代に，地域の中心として形成・機能してきた市街地であり，都市地域にあっては郊外化が進展するようになる以前から，すでに一定の地域の中心として機能してきた市街地のうちで，②地域の中心として一定以上の規模と機能を備えた既成市街地を中心市街地と捉えているものと考えられる。すなわち，定説はないが，欧米にみるシティセンター（city centre），ダウンタウン（down town）のように，日常生活圏（都市圏）内における最大かそれに次ぐような規模の中心地として機能している比較的規模の大きな中心市街地を意味するものと考えられる（伊東 2013）。

2-2　イギリスのシティセンターと地域計画政策

　シティセンターは，日常生活圏（都市圏）内における最大の中心地で，広範な地域の住民に対して財・サービス・雇用を供給するところで，かつ公共交通の拠点として機能している中心地である。そこには地域の中心として高次の小売商業機能・消費者サービス機能が集積しているほか，行政機関，オフィス，公共施設・文化施設などが立地しているところである（Department of the Environment 1996）。また，シティセンターには，一般に歴史的建造物などの文化遺産，地域文化の拠点となる諸施設や地域の象徴的ランドマークなどが集積し，また地域のアイデンティティーや地域住民のプライドと結びつく存在であるため，シティセンターは良好かつ快適な状態で維持されるべき場所として，広く認知されているところとなる（Evans 1997）。こうした地域最大の経済的，社会的，文化的中心であるシティセンターという地域の具体的範域は，元来イギリスでは中心地区（Central Area）と呼ばれてきたところで，実質的には都心地区ないしＣＢＤに相当する地域となる。

　上述のような実態のある地域と考えられるシティセンターではあるが，『開発計画』等によって，その役割や範域が定義（確定）される地域計画のための地域（以下，「計画地域」と記す）として捉えられる場合も少なくない。計画地域としてのシティセンターは，当然ながら現在の地域問題の解決を図るためや将来のあるべき地域像の実現に向けた地域の開発や再生を計画・実施するために必要となる一つの地域ユニットないしは地域概念ということができる（伊東 2011）。

こうした計画地域としてのシティセンターの範域は，具体的には『開発計画』の計画地図（proposal map）に示されるところとなる。また，『開発計画』においては，シティセンターを小売商業地区（センター）の階層的地域体系における最大のセンター，すなわち中心都市の中心商業地区を意味する用語として用いられることも少なくない。前者がより一般的に使用される広義のシティセンターを意味し，後者が小売商業地に限定される場合に使用される狭義の伝統的なシティセンターを意味している。

以上のシティセンターの（再）開発ないし再生は，イギリスの都市においては，第二次世界大戦後以降一貫して続いてきた重要な地域的課題であり，地域の小売商業を考察する上でも欠かせない問題となる。また，1980年代を区切りにして，シティセンターの再生に関する具体的な政策，戦略，方式などには大きな相違がある。そこで以下では二つの時期に大別して，シティセンターの開発・再生の歴史についてみていくこととしよう。

3．1980年以前のシティセンターの再開発

3-1　シティセンターの戦災復興

第二次世界大戦後以降のシティセンターの計画・開発は，空襲により大きな被害を受けたコベントリー，ブリストル，サウサンプトンなどの都市での戦災復興計画・事業に始まる（Cullingworth 2015）。その復興計画のガイドラインとなるとともに，今日のシティセンターの地域構造を形成する基礎となったプランを提示したのが，1947年に中央政府によって発行された『中心地区の再開発』"*The Redevelopment of Central Areas*"（Ministry of Town and Country Planning 1947）である（長谷川1966）。それによると，当時の中心地区（≒シティセンター）の復興ないし再開発の主要な課題は，①老朽化した建造物や戦災を受けた建造物の物理的更新を行うとともに，シティセンターの伝統的な土地利用の混在を解消して，シティセンターの機能純化を図ること，②交通渋滞の解消や交通流動性の向上等によって，シティセンターの内部交通の改善を図ることにあるものとして，戦災都市コベントリーのシティセンターの戦災復興プランを意識したモデルといわれているシティセンターの再開発・

第3章　イギリス中心市街地の開発・再生の歴史（伊東　理）　　57

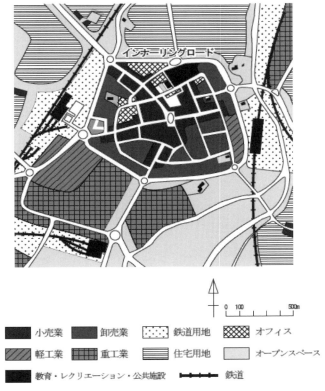

図 3-1　シティセンターとその周辺の復興・再開発と土地利用モデル
Ministry of Town and Country Planning 1947 により，筆者一部修正

土地利用モデルを呈示している（図 3-1）。

　シティセンターの通過交通を排除して交通渋滞の解消を図ることをも目的にインナーリングロードを建設し，その道路の内部を小売業，オフィス，卸売業，教育・行政・公共施設を中心とした用途地区としてシティセンター内部の土地利用純化を図り，ロード外の周辺（隣接）地域は工業地区，住宅地区として位置づけられた。こうしてインナーリングロードがシティセンターの境界としての意味をもつこととなり，機能的地域分化が促進されることとなった。

　具体的なシティセンターの再開発は，再開発対象地域を総合開発地区（comprehensive development area）として設定して，その内部をオフィス，

小売商業，行政，文化などの機能毎に専用用途区域として指定するプリシンクト（precinct）制度が導入されるとともに，一定規模以上の都市ではシティセンターの周囲を囲むリングロード（ring road〔環状道路〕）の建設が進められることとなった。

3-2　1960年代以降のシティセンターの再開発と小売商業地区の活性化

　1960年代には，戦災復興都市以外の比較的規模の大きな都市を典型に，シティセンター内部の機能的立地分化を図ることが重視されるとともに（Bennison and Davies 1980），物理的に老朽化した建物や荒廃地区を再開発し，またセンター隣接部に工業用地を供給して，シティセンターに立地していた製造業の離心化を促す政策を採るなどにより，小売商業地区およびオフィス用地の拡張などが行われ，今日の実質地域としてのシティセンターの基盤が形成されることとなった（Evans 1997）。また，シティセンターを取り囲むように建設されたリングロード近辺などには駐車場を設置するとともに，シティセンター内の既設道路の拡幅，歩行者用地下道の建設などにより，歩車分離をめざした交通インフラ整備が進められた。

　以上の土地利用計画と交通計画をベースにして，シティセンターの（再）開発事業・更新事業などが種々の地区で実施されることとなったが，開発事業の中心となったのは当該地域で最大の小売商業地区（中心地）と位置づけられたシティセンターの小売商業地区であった。

　そして小売商業地区には，再開発型ショッピングセンター（redevelopment shopping centre）の建設や大規模小売店の立地促進などによって小売商業活動を一定の地区に集約化すること（compaction）で，シティセンターの小売商業の近代化を目ざした再開発が行われることとなった。バーミンガムの旧ブルリングショッピングセンター（Bull Ring Shopping Centre）（1964年開設）を先駆けに，さらに1970年代になるとマンチェスターのアーンデールセンター（Arndale Centre）（1976年開設），ニューカッスルのエルドンスクエアショッピングセンター（Eldon Square Shopping Centre）（1976年開設）など，多くの再開発型ショッピングセンターが建設された（Guy 1994）。

　そして1970年代には，ショッピングセンターの建設に加えて，イギリスで

は1967年にノリッジ（Norwich）で始まったといわれる小売商業地区の中核的部分の既設道路を歩行者専用道路として，一体を歩行者専用地区とする事業（pedestlianisasion）が多くのシティセンターに普及し，この事業は全天候型の再開発型ショッピングセンターとともに，快適なシティセンターのショッピング環境を創出することに大きく寄与することとなった（伊東2011）。

3-3 シティセンターの再開発と開発計画制度の確立

以上のように，1980年代以前のシティセンターは伝統的な小売商業地区およびオフィス，卸売業などからなるところであり，その再開発・再生は小売商業地区を中心に実施された。歩行者専用道路の設置，小売商業施設の近代化，小売商業地区の集約化などの建造環境（ハード）面での整備手法や広域的中心地としてのシティセンターの位置づけとそれを存続・強化する仕組みは，1970年初頭にはほぼ確立したものといえる。

1960年代後半から1970年代前半を中心に，小売商業の再開発事業などは比較的活発に実施され，オフィスゾーンの拡大もみられたが，例えば表3-1にみるように，1961年～1981年間の主要都市のシティセンターの雇用者数は，製造業を筆頭にした産業・雇用の減少と産業の離心化が進展するとともに，製造業の競争力の低下，産業の衰退・空洞化などによるイギリス経済の長期不振によって，失業率の高かったリバプールやバーミンガムなどではシティセンター内部でも放棄された建築物の増加や衰退地区が発生するといった問題もみられ（Law 1988），また多くの都市でシティセンターに隣接するインナーシティ問題が一層深刻な都市問題となった。

また，1968年都市農村計画法の施行によるイギリスの開発計画制度の確立

表3-1 主要都市のシティセンターでの雇用数の推移

	1961年	1971年	1981年	1961～81年の増減率（%）
バーミンガム	120,940	104,010	101,190	△16.3
グラスゴー	139,020	110,970	93,720	△32.6
リバプール	157,320	91,900	92,690	△41.1
ロンドン	1,414,910	1,252,810	1,070,170	△24.4
マンチェスター	167,150	122,870	106,950	△36.0
ニューカッスル	78,330	66,840	57,620	△26.4

[資料] British Census Report [Law,M.（1988）],p.123による。

と1972年の地方政府法による地方政府の二層制の導入などによって，1970年代にはカウンティレベルで策定されるストラクチャープラン（Structure Plan）の策定によって，広域的な地域における主要なセンター（小売商業地区）の階層的地域体系が示され，シティセンターの位置づけが当該都市圏の最大のセンターとしてオフィシャルに認知されるとともに，小売商業の開発は原則として『開発計画』に示されたセンター以外（アウトオブセンター out-of-centre）の場所での開発を立地規制することとなり，また小売商業の開発計画の立案のための手引書（Distributive Trades Economic Department Council 1971）の発行などによって，シティセンターの継続的な存続・維持を保証する大きな制度・仕組みが機能することとなった。

ちなみに，このような地域の小売商業に関するイギリスの地域政策の理念は，食料品の購買活動を典型にして，消費者購買活動は日常生活を営む上での必須の行為であるがゆえに，小売商業地の地域体系はいわば社会的インフラストラクチャーとして位置づけられている。こうした政策理念はすべての人々にとって容易に商品の調達が可能となる状態を維持することに中央・地方政府（公共）の責任・役割があるとの考え方に基づいている。

4. 1980年代以降のシティセンターの再生

4-1　シティセンターの範域拡大と多機能化の促進

1980年代のイギリス都市においては，サッチャー政権下で都市型サービス産業や知識集約型産業の育成・発展による産業構造の転換，インナーシティの再生，工場等の廃止・撤退等によって生じたブラウンフィールドの再生といった都市再生の課題と連動した形で，シティセンターの計画的範囲を拡大して地域問題が取り上げられるようになった。その結果，シティセンターの再生は従来の方式とは大きく変化することとなり，1980年代後半以降比較的大きな都市のシティセンターで先行する形で，その再生事業が進展することとなった（Ward 2004）。

シティセンターの範域と概念は，従来はリングロードによって囲まれた範囲で主に小売商業地区（shopping area）およびオフィス地区（office area）な

どから成立していたが，1980年代中葉頃から各市で策定されるようになるシティセンターの「ローカルプラン」で示されたシティセンターの範域は，伝統的なインナーリングロード内の範囲から，それに隣接するインナーシティエリアの部分を含む範囲へと拡大することとなった。こうした計画地域としてのシティセンターの範囲拡大の政策的意図は，シティセンターとインナーシティとが空間的に連続する都市も少なくないことからしても，当該の都市にとってはシティセンターの再生とインナーシティの再生とを明確に区別する意味はほとんどなく，両地域をいわばセットにした形でシティセンターに重点を置いた都市の再生（CBD-focused regeneration）が意図的に行われてきたものということができる（Loftman and Nevin 1996）。

　範域の拡大をみたシティセンターの再生事業の特徴としては，①従来のシティセンターの中心的活動であるオフィス活動や小売商業の復興に加えて，②拡張した空間を中心として，住宅開発を促進するとともに，従来のシティセンターでは目立たないかみられなかった機能（文化・レジャー・スポーツ機能，研究開発機能など）を立地誘導して，シティセンターの多機能化を促進してきたこと，③シティセンターを中心とした公共交通の再整備が図られてきたこと，④シティセンターの再生においては都市の歴史的遺産や建築ストックを活かすべく，それらの用途の転用（conversion）や再利用が図られてきたこと，などがあげられる（Ward 2004, Williams 2003）。

4-2　シティセンターの再生に関する各種の制度・組織の確立と形成

　1980年代以降，シティセンターの再生が促進されるとともに，シティセンターが総じて良好な状況にあるのは，①1970年頃には小売商業の政策理念や具体的な計画政策が確立し，1980年代のサッチャー政権の時代を除けば，ほぼ一貫してシティセンターを筆頭とした既存のセンター以外の地点での小売商業等の開発を規制してきたことが効を奏してきたこと，②シティセンターの再生に関する各種制度や再生事業方式が確立してきたこと，③タウンセンターマネージメント，ビジネスインプルーブメントディストリクト等の普及・導入してきたことがあげられる。このうち①については，第2章で述べたところであるので，以下では②，③について，みていくこととする。

[**再生資金制度と再生事業の実施方式の確立**] 1980年代以降シティセンターの再生に関して新たな局面を迎えることになったのは，EUや中央政府の都市再生に関するファンドを得て進められたバーミンガムのフラッグシップ開発（Cherry 1994）を先頭に，リーズ，マンチェスター，ブリストルなどで1980年代後半から1990年代前半に地元自治体の要請によって設置された第3次都市開発公社（Urban Development Corporation）による伝統的なシティセンターの縁辺部および隣接地区での再生事業が始まりであるといわれている（Tallon 2010）。これらの事業はいずれも民間主導ないし官民パートナーシップをベースにして，従来のシティセンターからインナーシティエリアに広がるブラウンフィールドに都市的施設を建設して，荒廃地区のフィジカルな再生を図るべく，新たな都市的産業や都市機能の立地誘導や文化・スポーツ施設の建設などによる雇用の創出などを目指した不動産主導型開発（property-led development）にその特徴がある。

　例えば，マンチェスター市では1984年に『シティセンター・ローカルプラン（city centre local plan）』が策定され，それを契機に積極的なシティセンターの再生事業が実施されることとなった。その始まりは1988年にカッスルフィールド（Castlefield）地区と同地区に東接するピカデリー（Piccadilly）地区の大部分をその指定地区としたセントラル・マンチェスター開発公社（Central Manchester Development Corporation）の創設にある。公社の開設とその事業内容は市も積極的に関与してきたものであり，1980年代初頭から始まったカッスルフィールド地区の再開発事業は実質的に公社に引き継がれることとなった事業である（Williams 2002）。

　この事業は，マンチェスター市にとっては，都市開発公社の民間主導型の官民パートナーシップの開発手法や運営方法を知る貴重な経験となり，そのことが1990年代以降の計画の策定や開発計画の実施における民間・市民と行政が一体となった各種のパートナーシップ・NPO・イニシアティブ作りや各種組織と自治体との良好な連携関係の構築に活かされる契機となったものといわれている。このような経緯を経て，計画・開発の決定過程における市と諸組織・機構の関係は，次第に変化することとなった。すなわち，市はキープレーヤーではあるが，以前のように市が先導する委員会をベースに意思決定され，行政の

コントロールのもとで，民間セクターに通達されるといったものから，パートナーシップの自主的な協議によって意思決定から事業実施にまで至るものへと変化してきたのである（Peck and Ward 2002）。

　そして，1990年代以降，官民パートナーシップが申請母体であることが前提となるシングルリジェネレーションバジェット（Single Regeneration Budget），イングリッシュパートナーシップ（English Partnership）などの都市再生のための競争的補助金制度の創設は，民間・市民のインセンティブを高め，民間の投資を誘発する開発方式ないしは新たな事業組織の構築に大きな役割を演じることになった。

　このようにして，シティセンターの再生計画から開発に至る過程として，①民間・市民参加によるシティセンターの計画とその再生政策・戦略の検討→②パートナーシップによる事業計画の検討→③再生事業の資金（補助金）として，中央政府資金・EU資金などの競争的資金への申請・獲得→④開発資金計画の確立→⑤開発へ，といった道筋が一般的に確立されることとなった。

　［シティセンターマネージメント，ビジネスインプルーブメントディストリクトの導入によるシティセンター環境の維持・管理］　シティセンターマネージメント（一般にはタウンセンターマネージメントと呼ばれることが多く，シティセンター，タウンセンターを中心に，一部のディストリクトセンターを対象として導入されている）とは，例えばシティセンター内の広場・道路等の補修，清掃，治安維持，駐車場の効率的運営等々のセンター全体としての環境を良好に維持・管理するための日常的な業務の実施，センターのプロモーション・マーケティング活動，消費者調査など各種調査，センターの環境改善・活性化策の企画・立案・実施などによって，シティセンター全体として統一感や一体性のあるセンター環境の創出と活性化をめざすことを事業目的として，1980年代にセンターの事業者，不動産所有者，当該コミュニティ，地方政府，公的機関などが参画する組織として始まった。現在では，イギリス全土で様々な規模の約600のセンターでタウンセンターマネージメント組織が存在し，多くは民間と地方政府とのパートナーシップによって運営され，当該センターの将来計画を協議する中心的役割を担っている場合も多い。

　以上のシティセンターマネージメントの大きな問題点としては，具体的な運

営・事業費用はメンバーからの協賛金，地方政府からの支出金，国家等からの補助金などからなり，財源は必ずしも安定していないため，事業内容も不安定なものになることも少なくない点にあるものといわれている。こうした問題を解消するとともに，シティセンターマネージメント組織を有してきたセンターの同一の範囲あるいはセンター内の一部の地区を対象にして，当該地区のビジネス環境の改善・経済活動の振興をめざしたビジネスインプルーブメントディストリクト（Business Improvement District，以下 BID と略す）制度が 2004 年以降の法的整備とパイロット事業実施を経て，2005 年から本格導入されることとなった（南方 2010）。

BID はアメリカ合衆国で創設された制度で，特定の地区を設定してその中の事業者を対象に，5 年間のビジネスプランを提起して，その賛否を問う投票によって過半数を得れば，BID の導入が図られることとなる。そして BID の事業費として，当該地区の事業者に対して，国税である事業者レイト（National Non-Domestic Rate）の全国一律の税率に一定の上乗せ税率によって徴収した税額部分（BID 賦課金）を地方政府から BID 運営団体に引き渡される。そのため各事業者の経営状況などの情報は匿秘され，センターのマネージメントの事業は安定し，小地区で地域事情に応じた積極的なハード，ソフト事業が展開でき，また事業に対するフリーライダーも防ぐことができるなどのメリットがあり，BID は新たな地域振興の方策として普及し，現在では 160 を超える地区で導入されている。

5. 1990 年代以降のシティセンターの再生と動向

1980 年代後半にはシティセンターでの再生事業が本格化することとなるが，1980 年代のシティセンターの動向については，次のように要約される。

サッチャー政権下で進められた地域計画政策に関する規制緩和によって，民間企業の開発場所や立地点の選定に関して，その自由度が増すこととなり，投資対象として魅力が少ないと判断されたシティセンターへの民間投資が減退し，計画規制の権限が及ばないエンタープライズゾーン（enterprise zone）および都市開発公社（urban development corporation）の指定地区内やブラウ

ンフィールドなどのアウトオブセンターでの大規模なショッピングセンターなどの開発や郊外でのオフィスパークの建設が進んできた。また，地方予算の大幅削減により，地方政府が主導する形でのシティセンターの再開発・再生を行うことが困難となってきた。こうしたことから，1980年代においは，シティセンターの停滞・衰退が深刻化するところが総じて多くみられるところとなった（Ward 2004）。

　1990年以降になると，中央政府が小売商業の開発を既存の小売商業地区に限定するといった立地規制の方向がより明確に示されるとともに，シティセンターなどの再生・活性化を重視する計画政策に再びシフトしてきたことに加えて，温室効果ガスの削減をめざした都市政策として，イギリスでも自動車交通を削減して公共交通への依存度を高め，郊外化を抑制してシティセンターを筆頭とする既存のセンターに各種機能の集積を促進する政策が選択されるようになり，シティセンターの再生は一層勢いづくこととなった（Guy 2007）。以下，バーミンガム市の事例を中心にして，シティセンターの再生についてみることとする。

5-1 バーミンガム市のシティセンターの再生

　バーミンガム市のシティセンターの再生は1980年代後半から始まるが，今日のシティセンター再生の主要プランが確立するのは1990年代初頭である。シティセンター再生の主要なコンセプトとしては，①インナーリングロードの障壁をなくし，シティセンターの範囲をシティセンターコア（City Centre Core）と呼ばれるインナーリングロード内から，ミドルリングロードまでの範囲（約800ha）に外延的に拡大して，従来のインナーシティのブラウンフィールドの再生とシティセンターの空間的拡大と多機能化を図ること，②土地利用計画（ゾーニング）の柔軟化を図り，複合的土地利用を促進していくこと，③都市居住＝シティリビング（city living）を推進すべく住宅開発や住宅の再生を図ること，などが謳われた。また，④シティセンターへの公共交通アクセスの改善と歩行者専用道路の拡張などの交通体系の再整備も重要課題として挙げられた（Eade 2000）。なお，①のシティセンターの拡張に対応して，シティセンターはシティセンターコアを中心に，7つの特徴ある地区（＝クォー

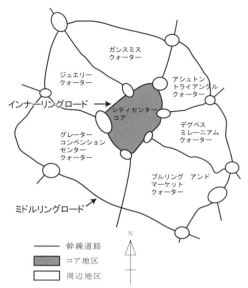

図 3-2 シティセンターを構成するクォーター
Birmingham City Council 2005 より作成

ター Quarter) に区分され（図 3-2），それぞれの地区の特性を活かした開発計画（Quarter Plan）が市と地元関係者（住民，事業者，各種団体）が協力して策定され（表 3-2），それに基づいて各種の事業を実行していくこととなった。こうした再生のコンセプトは今日のシティセンターのマスタープランである「ビッグプラン（Big Plan）」に継承され，各種のシティセンター再生プロジェクトが進められてきている。

　以下，具体的なシティセンターの再生事業について，中心部分（コア地区と呼ぶ）と周辺部分（周辺地区と呼ぶ）に分けて，みることとする（図 3-3）。

　［**コア地区の再生**］　シティセンターの再生は，シティセンターコア（City Centre Core）の南西部に隣接するバーミンガム運河（Birmingham Canal）沿いの工場や倉庫の跡地に，国際コンベンションセンター（International Convention Centre）（ICC，1986 年着工，1991 年完成）の建設を中心とする ICC プロジェクトに始まる。このプロジェクトは，シティセンターに隣接したブラウンフィールドに都市的施設の建設と都市型サービス産業・文化産業

第3章　イギリス中心市街地の開発・再生の歴史（伊東　理）

表3-2　シティセンターのクォーター別開発計画

クォーター名	従来の主要な土地利用	主要な開発計画項目
シティセンターコア〈シテイコア〉	行政・オフィス機能地区，（伝統的シティセンター）	小売商業機能の拡充，インナーリングロードの地上化，複合的土地利用の促進，オフィススペースの拡張，ナイトエコノミー
グレートコンベンションセンター〈ウエストサイド　アンド　レディーウッド〉	製造業地域，流通・保管業務地域（シティコア隣接地）	コンベンション・文化機能の創出，オフィス・住宅・レジャーの複合開発
	製造業地域，住居（公営住宅）地域（周辺地）	居住地の環境整備・住宅の再生（リーバンクス地区）
ブルリング　アンド　マーケット〈サウスサイド　アンド　ハイゲート〉	食料品市場，中華街，卸売業地区（シティコア隣接地）	小売商業開発，流通関連機能の再整備（サウスサイド地区）
	製造業地域，住居（公営住宅）地域（周辺地）	居住地の環境整備・住宅の再生（ハイゲート地区）
ディグベスミレニアム〈ディグベス〉	製造業地域，居住地域	研究開発・教育拠点整備，都市公園の建設，オフィス・住宅の複合開発
アシュトントライアングル〈イーストサイド〉	大学キャンパス，オフィス・製造業地区	アシュトン科学パークの拡張，大学の拡張，学生用アパート建設，道路整備によるシティセンターコアとの一体化
ガンスミス〈セントジョージ　アンド　セントチャド〉	機械・器具製造業・商業地区，公営住宅地区	製造業の再生，住宅・オフィス・レジャーの複合開発，住宅の再生
ジュエリー〈ジュエリー〉	宝石商，宝石・金属加工業地区，住宅地区	歴史景観保全，小規模オフィス・工場の創設　住宅の再生（アーバンヴィレッジ事業地区）

クォーター名：上段の名称は2005年の資料に記載された名称。下段の〈　〉内の名称は2011年に記載された名称。（Birmingham City Council 2005 および Birmingham City Council 2011 により作成）

の振興による雇用の創出を組み合わせることを目指したフラッグシップ事業（flagship project）で，またバーミンガム市のシティセンターに欠けていた文化，観光，コベンションなどの機能の充実を図ることを意図したものである。EUの開発ファンド，中央政府補助金および市の直接投資などを財源として，1986～1992年間で，ICC，シンフォニーホール，国立室内体育館（National Indoor Arena），シアターなどが建設された。これらの開発は，バーミンガム市の「文化とは縁のない衰退化した産業都市」とのイメージを脱却して，産業構造の転換を図る大きな契機となり，その後の連鎖的周辺開発ともあいまって，イギリス，ヨーロッパ各地からバーミンガム市にビジネス客・観光客を惹き付けることに大きく寄与することとなった（山田 2006）。

　次いで，ICCプロジェクト地区の南西バーミンガム運河沿いの放棄された旧工場跡地である約7万m²の敷地に，1995～2004年間にわたって再開発され

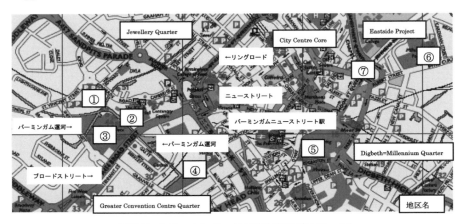

図 3-3　シティセンターの主要な開発プロジェクト
主要な開発プロジェクト・開発施設は，①国立室内体育館、②国際コンベンションセンター、③ブリンドリープレース、④メイルボックス、⑤ブルリングショッピングセンター、⑥ミレニアムポイント、⑦マスハウスサーカスである。

てきたブリンドリープレース（Brindley Place）と呼ばれる複合的開発地区がみられる。この開発は，シティセンターで拡大するオフィスや住宅需要に応えることを主たる目的とする複合開発で，そのほか歴史的遺産である運河に面したところでは，倉庫，学校などの近代の歴史的建造物を上手く転用した美術館，レストラン・バー，ショッピングセンターなどが配置され，市民や観光客の人気スポットとなっている。さらに，ブリンドリープレースから運河に沿って東方に至る遊歩道によって結ばれたところに位置する旧郵便物処理所であった建物の修復・再開発を中心とするメイルボックス Mailbox と呼ばれる再生事業地区が連なる。そこではオフィス，高級な小売店舗，ホテル，レストラン，高級アパートなどからなる複合開発が進められ，多くの施設は 2000 年にオープンをした。こうした開発の進展によって，運河沿いおよびブロードストリート沿線地区には，ホテル，レストラン，バー，シアターなどが集積するようになり，2005 年にはプロモーション，防犯・安全性の向上，景観・環境保全などを事業目的とするブロードストリート BID も創設されるなど，バーミンガム市の飲食・レジャーの中心として，またナイトエコノミーの発展に寄与するところとして再生が図られた。

バーミンガム市のシティセンターの小売商業活動は，1980・90年代を通じて大きな開発や投資がなされず，またバーミンガムの西方約10kmのところに開設されたリージョナルショッピングセンターであるメリーヒルショッピングセンター（Merry Hill Shopping Centre）の影響などを受けて，長らく停滞ないし衰微傾向にあった（Larkham and Westlake 1996）。こうしたシティセンターの小売商業の状況は，2003年に開設されたブルリングショッピングセンター（Bull Ring Shopping Centre）の開発によって，一変することとなった。

　このショッピングセンターが開発されたところは，シティセンターコアの東端部とその周辺に位置し，産業革命期にはマーケットホール（1833年完成，約600店舗），魚市場，食料品市場などが地区一帯に建設され，それ以降労働者階級を主要な顧客とする市民の食料品・日用品マーケットとして発展したところにあたる（Cherry 1994）。1950年代後半からは，老朽化による店舗・施設の廃止・取り壊しおよび建て替え，インナーリングロードの建設に伴う立ち退きなどが行われるようになり，この地区一帯の再開発が進められるところとなった。その最大規模の再開発が1964年に完成した旧ブルリングショッピングセンター（売場面積3.3万，150店舗）であったが，高額な賃貸料がテナントの出店を拒み，歩行者のセンターへのアクセス路の悪さや醜悪な店舗外壁のデザインなどから消費者に敬遠されるようになり，1980年代には再開発に向けた計画申請が行われることとなったが実現に至らなかった。2000年には旧ブルリングショッピングセンター等の取り壊し事業が始まり，総額50億ポンドを費やして，新しいブルリングショッピングセンターが2003年の9月に完成・オープンすることとなった。ショッピングセンターは東西の二つのモールからなり，敷地26エーカー，売場面積11万㎡で，3,100台の駐車場を有し，2百貨店を含む146店舗からなり，そのテナントの半数がバーミンガム市に初登場した小売店舗であった。また，ショッピングセンターの開発にあたっては，その副次的目的として，失業者，未就業者のショッピングセンターでの優先的雇用が計画されていた。そして，開店により8,000人の新規雇用が生まれ，このうち約40％の雇用者が，公立機関等で長期職業訓練を経た人々から，優先的に雇用されることとなった。

　このセンターの開発によって，シティセンターの小売商業面積は約40％増

加した。その後も歩行者専用道路地区の拡張や 2006 年には主要な小売商業施設・店舗をカバーするシティセンターの中核的小売商業地区を対象とする BID リテイル・バーミンガム（Retail Birmingham）の創設をみて，バーミンガム市のシティセンターの小売商業は質・量ともに大きくグレードアップしてきた。また，センター開設後の 1 年間の来訪者は推定 2,600 〜 3,000 万人に及び，シティセンター来訪者のバーミンガム市域外からの割合は 1997 年の 30％から 2004 年の 60％へと倍増し，所要時間 30 分以上からの来訪者が 16％から 35％へと上昇するなど，シティセンターの商圏も拡大することとなった。

そのほか，ICC の北には 2014 年に新たに建設移転してきたバーミンガム市中央図書館が完成し，屋上展望庭園は人気の観光スポットとなっている。また，2015 年に完成したバーミンガム・ニューストリート駅の改良事業に伴って，新たな商業核として百貨店を核とするグランドセントラルショッピングセンター（Grand Central Shopping Centre，売場面積 4.5 万 m^2）が開業した。

［**周辺地域の再生**］　以上のオフィスおよび小売業機能の再生・強化およびコンベンション，スポーツ，文化施設などの開発によるシティセンターの多機能化をめざしたコア地区およびその隣接地区の再生に対して，周辺地区の再生は従来のインナーシティの工業地域や労働者住宅に相当するところで，主に 21 世紀のバーミンガムの新産業の育成と住宅開発・再生を目的に多様な事業が展開しているところとなる。

シティセンターコアの北東に位置するアストン大学およびアストンサイエンスパークなどからなるバーミンガム市の一大研究・高等教育拠点アストントライアングル（Aston Triangle）およびバーミンガムの産業革命期の発展の中心であったディグベスミレーニアム（Digbeth Millennium Quarter）の両地区では，地域の歴史的ポテンシャルや研究開発機能を活かして，科学技術開発をベースとしたバーミンガム市の新産業の創出や新たな産業拠点の形成をめざした開発が進展してきている。2001 年に完成をみたミレニアムポイント（Millennium Point）は，ハイテク技術研究・開発機関，シンクタンク，科学博物館，科学技術・技能開発センター，大学などが入居する研究・開発と教育との有機的連携を考慮したハイテク技術拠点施設として機能している。

小規模工場や卸売業が発達していたガンスミスクォーターやジュエリー

クォーターでは，伝統産業・技術の維持・再生と新たな産業育成および居住機能の拡張をめざし，歴史的建造物の修復・転用を中心とした小規模オフィス・商店・工場，住宅の複合開発などが進められている。そのほか，シティセンターの南端部に位置するインナーシティの労働者住宅地区で公営住宅が集中するリーバンク（Lee Bank）地区，ハイゲート（Highgate）地区では，住宅の再生と近隣社会の再生事業をめざした比較的大きな住宅の開発・再生事業が実施されてきている。

5-2　シティセンターの再生とセンター間格差の増大

　上述したバーミンガム市のシティセンターの再生は，1980年代以降のイギリスシティセンターの再生とほぼ共通している。すなわち，シティセンターの概念と範域を拡大して，伝統的なシティセンター（コア地区）とその周辺地区をセットにして，再生を進めてきたものといえる。その結果，シティセンターの再生は，伝統的な小売商業機能とオフィス機能に加えて，文化，スポーツ，レジャー，研究開発などの機能もシティセンターの再生を担う要素としてシティセンターの機能的多様化を促進するとともに，住宅開発も進めてシティセンター居住の拡大も図ってきた。

　コア地区では伝統的な小売商業地区の再生に重点が置かれ，かつての再開発型ショッピングセンターの建設ピーク（1960年代後半～1970年代前半）から30年ほど経過していることもあり，2000年代以降こうしたショッピングセンターの更新・増床や新たな小売商業を中心とする複合開発などが進展してきている。例えば表3-3にみるように，ことに比較的規模の大きな都市のシティセンターでの開発が目立ち，その結果大規模なシティセンターの小売商圏の拡大や買回品部門の販売額が上位のセンターに集中化する傾向にあり（CB Richard Ellis, 2004），一方多くの小規模なシティセンター・タウンセンターなどが衰微・衰退するセンターの分極化といった問題が生じてきている。

　計画地域としてのシティセンターが新たに拡張するところとなった周辺地区では，新規の住宅開発や既存の建物の住宅への転用，既存の住宅地区の再生など，住宅の開発・再生事業は多くの都市で進められてきた。そのほか，オフィス地区の拡張（リーズ，ブリストル，ニューカッスルなど），知識産業の発展

表 3-3　コアシティのシティセンターにおける小売商業の開発動向（2000 年以降）

都市名	SC の名称	店舗面積 (m²)	開発形態	開業年	BID（設立年）
バーミングガム Birmingham	ブルリング SC	110,000	単独	2003	Broad Street（2005） Retail Birmingham（2006）
ブリストル Bristol	カボットサーカス	95,000	複合開発	2008	Broadmead（2005）
リーズ Leeds	トリニティリーズ	110,000	複合開発	2013	—
リバプール Liverpool	リバプール 1	130,000	複合開発	2008	City Central（2005）
マンチェスター Manchester	アーンデル SC の増床	101,000	単独	2004/ 2006	The Heart of Manchester（2013）
ニューカッスル Newcastle	エルドン SC の増床	39,000	単独	2010	Newcastle NE1（2009）
ノッティンガム Nottingham	ブロードマーシュ SC の増床	91,000	単独	2011	Nottingham Leisure（2005）

SC：Shopping Centre　　　BID：Business Improvement District
William Reed(2007): Retail & Shopping Centre Directory 2008, 各市，ＳＣのホームページなどによる。

をめざした研究開発拠点の形成（バーミンガム，マンチェスターなど），スポーツ施設・文化施設などの集客施設の拡充（バーミンガム，マンチェスター）など，当該都市の経済戦略や地域的課題と関連した再生事業が展開している。こうした周辺地区の再生事業についても都市規模等による都市間での格差には大きなものがある。

6. おわりに

　本章では，イギリスの中心市街地の概念に相当すると考えられるシティセンターの開発・再生，活性化の歴史についてみた。イギリスの中心市街地活性化の現状は，日本と比べれば総じて良好なものがある。おわりに，日本の中心市街地の活性化に対して，イギリスの中心市街地の再生・活性化の歴史とその実態から読み取れる意味合いについて，考察してみることとしたい。
　イギリスにおいて中心市街地と考えられるところ（シティセンターないしタウンセンター）は，その機能的意味や地域における役割・位置づけが明白である。それは，日常生活圏（都市圏）における日常生活を支える最大規模の広域拠点であり，1970 年代初頭以降，広域的な開発計画における中心地（センター）

の地域的体系でオーソライズされてきた。また，第二次世界大戦後以降，中心市街地はそれより以下の中心地も含めて，1980年代を除いては，ほぼ一貫して存続，維持，強化すべき対象とされ，またアウトオブセンターでの小売商業の立地規制によって保護されてきたところである。以上のようなことを背景にして，シティセンターではさまざまな開発，再生事業が継続的に実施され，シティセンターの環境を維持・管理するための組織や仕組みなども作り上げられてきた。

このようなイギリスの中心市街地に対して，日本の中心市街地の定義や位置付けは曖昧であるし，また中心市街地の活性化も十分な成果をみてきたとは言い難い。まずは都市圏レベルで個々の市街地（中心地）の階層的位置づけを明確にし，中心市街地を定義づけることが第一歩となるであろう。また，中心市街地が良好な状態に保たれるべき根拠や理念を明確にするとともに，郊外幹線道路沿線等での小売商業，サービス業の立地規制を実施することも重要な課題となる。以上のことが中心市街地の再生・活性化のための必要条件となるものと思われる。

次に検討すべきは，計画地域としての中心市街地の範域の問題にあろう。イギリス中心市街地の計画地域としての具体的範域は，1950・60年代に建設されたインナーリングロード内から，1980年代以降には同ロードを超えて拡張され，オフィス，小売商業機能を主体とする範域から隣接するインナーシティエリアに拡大した。このことは，当該の基礎自治体における伝統的な中心市街地の課題（中心市街地の多機能化とコア地区の拡張スペースの確保など）とインナーシティの課題（ブラウンフィールドの再生，住宅改良など）をいわばセットにして，統合的解決をめざしてきたところに特徴があるものとみることができる。

一方，日本の中心市街地の範囲はそもそもイギリスのように明確なものではない。そのため，例えば「中心市街地活性化計画」などにみる中心市街地の範域設定は，伝統的な小売商業，オフィスを中心とした中心地区に限定されるケースやかなり広く設定されるケースなど，多様である。また，中心市街地の活性化事業は小売商業活動の再生，活性化に重点が置かれている。小売商業は中心市街地を構成する重要な要素ではあるが，小売商業の活性化にこだわり過ぎる

のも問題である。本章でみたイギリスの事例のように，中心市街地を中心地区と連担している市街地を含めて広く設定して，中心市街地の多機能化の推進，市街地住宅の再生・市街地居住の促進，遊休地・空地の再利用などといった地域的課題を総合的に考察・計画・解決していくといったアプローチは，日本の中心市街地の活性化が手詰まり状態である現状からすれば，検討に値するものと思われる。その場合には，中心市街地内部をいくつかの地区に分割して，それぞれの地区ないし地域社会の特性を考慮した各地区の再生・活性化プランを策定するとともに，地区間での機能分担や地区間の連携を考えていくことが重要となろう。

参考文献

足立基浩 2013.『イギリスに学ぶ商店街再生計画―「シャッター通り」を変えるためのヒント―』ミネルヴァ書房.

伊東 理 2011.『イギリスの小売商業 政策・開発・都市―地理学からのアプローチ―』関西大学出版部.

伊東 理 2013. 中心市街地, 人文地理学会編『人文地理学事典』, 丸善出版, 358-359.

根田克彦 2006. イギリスの小売開発政策の特質とその課題―ノッティンガム市の事例―, 地理学評論, 79, 786-808.

長谷川淳一 1996. イギリスの戦災都市計画, 都市計画, 199, 92-99.

真部和義 2006. イギリスの小売商業政策, 加藤義忠・佐々木保幸・真部和義『小売商業政策の展開[改訂版]』同文館, 253-276.

南方建明 2010. 中心市街地活性化と大型店立地の都市計画的規制―イギリスのタウンセンターマネージメントと小売開発規制からの示唆―, 日本経営診断学会論集, 9, 66-71.

山田晴通 2006. 英国バーミンガム市の都市経営にみる「欧州」と「文化」―『バーミンガムのルネッサンス（再生）』（2003年）を読む―, 人文自然科学論集（東京経済大学）, 121, 23-46.

横森豊雄 2001.『英国の中心市街地活性化―タウンセンターマネージメントの活用―』同文館.

横森豊雄・久場清弘・長坂泰之 2008.『失敗に学ぶ中心市街地活性化―英国のコンパクトな街づくりと日本の先進事例―』学芸出版社

Bennison, D. J. and Davies, R. L. (1980): The impact of town centre shopping schemes in Britain: Their impact on retail traditional environments, *Progress in Planning*, 14, 104p.

Birmingham City Council 2005. *Unitary development plan*, Birmingham City Council.
Birmingham City Council 2011. *Birmingham big city plan: City centre master plan*, Birmingham City Council.
CB Richard Ellis 2004. *The roll and vitality of secondary shopping — A new direction*, National Retail Planning Forum.
Cherry, G. N. 2004. *Birmingham: A study in geography, history and planning*, John Wiley & Sons, 254p.
Cullingworth,B. et al. 2015. *Town and country planning in the UK 15 th. ed.*, Routledge, 601p.
Department of the Environment 1996. *Planning policy guidance 6: Town centres and retail development (Revised)*, HMSO.
Distributive Trades Economic Department Council 1971. *The future pattern of shopping*, HMSO, 112p.
Eade, M. 2000. Birmingham, the international city: Vision to reality, in Chapman, D. et. al. eds. *Region and renaissance: Reflections on planning and development in the West Midlands, 1950-2000*, Brewin Books, 160-167.
Evans, R. 1997. *Regenerating town centres*, Manchester: Manchester University Press, 177p.
Guy, C. M. 2007. *Planning for retail development: A critical view of the British experience*, Routledge, 292p.
Larkham, P. J. and Westlake, T. 1996. Retail change and retail planning in the West Midlands, in Gerrard, A. J. and Slater, T. R. eds. *Managing a conurbation : Birmingham and its region*, Brewin Books, 198-213.
Law, M. 1988. *The uncertain future of urban core*, Routledge, 253p.
Loftman, P. and Nevin, B. 1996. Prestige urban regeneration projects: Socio-economic impacts, in Gerrard, A. J. and Slater, T. R. eds.: *Managing a conurbation: Birmingham and its region*, Brewin Book, 187-197.
Ministry of Town and Country Planning 1947. *The redevelopment of central areas*, HMSO, 99p.
Peck, J. and Ward, K. 2002. *City revolution: Restructuring Manchester*, Manchester University Press, 256p.
Tallon, A. 2013. *Urban regeneration in the UK 2nd.ed,*, Routledge, 331p.
Ward, S. V. 2004. *Planning and urban change 2nd.ed*, Sage, 312p.
Williams, G. 2002. City buildings: developing Manchester's core, in Peck, J. and Ward, K. eds. *City revolution: Restructuring Manchester*, Manchester University Press, 155-175.

コラム1
中心市街地の大型店撤退問題

箸本健二

　2000年代前後より，地方都市の中心市街地における大型店撤退が増加し，その跡地利用の停滞が「まちづくり」の阻害要因となっている。既存大型店のスクラップ・アンド・ビルドは，店舗網の効率的な展開を目指す量販資本やそれに深く参画する金融資本の立場からすれば致し方のない事業戦略であり，経営の合理化のために不可避と位置づけられるケースも増えつつある。ここで問題となるのが，中心市街地でスクラップされた大型店跡地が再生されぬまま，遊休不動産として放置されるケースが増えていることである。地方都市の視点に立てば，中心市街地のランドマークであり，集客施設の核と目してきた大型店の撤退は，中心市街地の求心力低下をもたらすだけでなく，小売販売額の争奪をめぐる都市間競争からの脱落に直結しかねない。渡辺（2001）は，収益性の高い郊外を目指して中心市街地からの「撤退」を加速させる量販資本の戦略と，集客装置である大型店を失って空洞化に歯止めがかけられない中心市街地の焦燥感とを対比し，《「都市の論理」と「市場の論理」との相克》と言い表した。このように大型店の跡地問題は，商店街の空洞化問題と連動する形で，地方都市が直面する大きな課題となりつつある。

　そもそも，大型店の撤退跡地はどの程度存在するのであろうか。筆者は，市町村合併前（1995年）人口20,000人以上の自治体（もしくはこれらを含む合併自治体）を対象に，1995年〜2011年の間の中心市街地からの大型店（旧大店法の第一種大型店に相当する売場面積1,500㎡以上）撤退事例の有無，撤退した業態，撤退跡地の現況等を調査した。この調査は，2012年2月に全国849市町村を対象として郵送留置方式で実施し，629自治体から有効回答を得た（回収率73.7％）。その結果によれば，有効回答を得た629自治体のう

表1 中心市街地の大型店撤退跡地の現況

大型店撤退跡地の現況 （複数回答）	撤退前施設の業態区分					
	百貨店 （133店舗）		総合スーパー （240店舗）		食品スーパー （29店舗）	
	店数	構成比	店数	構成比	店数	構成比
百貨店	8	6.0%	0	0.0%	0	0.0%
総合スーパー	3	2.3%	17	7.1%	0	0.0%
食品スーパー	19	14.3%	33	13.8%	11	37.9%
ディスカウントストア・専門店ビル	32	24.1%	41	17.1%	5	17.2%
遊技場	10	7.5%	17	7.1%	3	10.3%
公共機関・公的施設	33	24.8%	51	21.3%	7	24.1%
オフィス・集合住宅	24	18.0%	40	16.7%	2	6.9%
空き店舗	25	18.8%	37	15.4%	6	20.7%
空地・駐車場	21	15.8%	65	27.1%	3	10.3%

（全国629自治体を対象とした筆者調査（2012年）による）

ち，45.3％にあたる285自治体で1店舗以上の大型店撤退事例を持ち，のべ撤退数は474事例にのぼった。もともと中心市街地に大型店が存在しない64自治体を母集団から除外すると，大型店が中心市街地から1店舗以上撤退した経験を持つ自治体の比率は50.4％に達している。

表1は，このうち，百貨店，総合スーパー（GMS），食品スーパーという主要3業態に絞って，撤退前の業態区分と跡地（跡施設を含む）の利用状況（複数回答）を整理したものである。これによれば，百貨店とGMSでは，同一業態での跡地利用が実現したケースはそれぞれ6.0％と7.1％に留まる一方，公共機関・公共施設（24.8％），オフィス・集合住宅（18.0％）と非商業的な跡地利用が40％以上見られる。さらに，空き店舗（18.8％），空地・駐車場（15.8％）など「手つかず」の事例ものべ34.6％に達しており，大型店の撤退跡地を商業施設でカバーし，中心市街地の吸引力を維持することの困難さを裏付けている。この状況に対する当該自治体の意識は深刻であり，とりわけ集客力の高かった百貨店やGMSでは，「中心市街地の通行量減少（百貨店80.5％，GMS60.8％）」，「消費の域外流出（百貨店55.6％，GMS45.8％）」，「近接商店街の衰退（百貨店69.2％，GMS58.8％）」を懸念する意見が上位を占めた。

他方，当該自治体は，ほぼ半数のケースで特段の政策的対応を講じていない。とりわけ，家賃補助や跡地（建物を含め）の買い上げなど自治体の費用負担をともなう対応は，全ケースの21.7％に留まる。自治体が積極的な対応を採れ

ない背景には，財政上の理由に加え，地価が安い郊外への出店ラッシュ，撤退物件をめぐる複雑な権利関係や地権者間の合意形成の困難さ，キーテナント撤退による吸引力低下という「構造的な課題」が見え隠れする。合わせて，過大な駐車場の要求（大店立地法）や大型店の郊外誘導（2007年改正前までの都市計画法）など，関連する法体系や政策との矛盾が，地方自治体による政策的対応の遅れの背景にあることも示唆されている。

中心市街地の撤退跡地問題を考える上で，もう1つ重要な視点が不動産評価の問題である。間仕切りや窓を極力廃した商業建築は，オフィスビルなど他の用途への転用が難しい。加えて，耐震基準を満たさない古い物件では担保価値が事実上ゼロとなるため，資金調達の目処が立てられず，複雑な権利関係と相俟って「動かない物件」となる事例が少なくない。表1が示す，公共機関・公共施設，空き店舗，駐車場の比率の高さは，公的な一時利用で様子を見るか，担保価値の乏しい建物を壊して底地を駐車場として利用するか，動かせないまま放置するかという，地方都市中心市街地の空き店舗を取り巻く厳しい選択肢の有り様を物語っている。

参考文献

渡辺達朗 2001：都市中心部からの大型店等の撤退問題とまちづくりの取り組み－「都市の論理」と「市場の論理」の相克－．専修大学商学論集 73，263-301．

第4章
商店街を場としたまちづくり活動

駒木伸比古

　本章では，地方都市である愛知県豊橋市を事例として，大型店撤退などによる商業機能の衰退をきっかけとして，中心市街地における商店街を場として地域住民やアーティストなどにより始められたまちづくり活動をとりあげる。中心市街地における商店街・まちなか活性化への取り組みの紹介を行うとともにそのメカニズムについて検討する。

　まず，中心市街地における商業環境の変化や活性化への取り組みを整理した。次に商店街の変遷を検討し，まちづくり活動の状況およびその構成メンバーの分析を行った。最後に，持続的な中心市街地でのまちづくり活動の要因と今後の可能性について考察した。その結果，今日に至るまでの持続要因として，地域住民からの中心市街地問題への関心発起があったこと，メンバーと商店街との信頼関係が構築されていること，情報共有および情報発信の仕組み作りが整備されていること，行政や民間企業，地域住民からの有形無形のサポートがあること，多彩な専門知識・技術をもったメンバーが存在していること，他のまちづくり活動とのゆるやかな連携や協賛企業からの資金提供があること，の6点を今日まで続いてきた条件として整理した。そして，こうした活動ノウハウを他のまちづくり団体間で共有したり意見交換する場や機会が行政により提供されていることで，豊橋市中心市街地全体のまちづくり活動が刺激されていることが明らかとなった。

1．なぜ中心市街地でまちづくり活動をするのか

1-1　中心市街地の現状とその役割
　地方都市における中心市街地問題は，1990年代以降，深刻さを増している。

日本全体が少子高齢化，人口減少，市場規模縮小に向かうなかで，空き家の増加，賑わいの喪失，シャッター通りの発生など，様々な問題が浮上している。山川（2001）は，地方中核都市における小売業の相対的な盛衰分岐を大型店の出店動向と関連付けて分析した結果，中心市街地の商業拠点を維持できるかどうかの人口規模は20〜30万人であることを明らかにした。多くの地方都市における人口規模と商業をとりまく環境を考えれば，商業拠点としての中心市街地の地位は厳しい状況であるといえよう。

　こうした状況のなかで，まちづくり三法のひとつである中心市街地活性化法が1998年に施行された。これにより，中心市街地における社会的機能としての地域商業に目が向けられ，商業などの活性化に関する事業や市街地の整備改善に関する事業が計画・実行された。しかしながら，まちづくり三法に内在する矛盾によって，政策として充分な効果を発揮できなかった。そのため2006年に改正され，「商業活性化」から「総合的なまちづくり」に重点が置かれることになった（渡辺2011）。さらに2012年には再改正が閣議決定され，民間投資を喚起する新たな重点支援制度の創設や中心市街地活性化を図る措置の拡充が講じられている。

　こうした一連の動きをみると，地方都市では商業拠点としての中心市街地を維持・再生させようとすることは容易ではないことがわかる。では，なぜこのように中心市街地が必要とされ，多くの政策立案や事業実施が行われているのだろうか。それは，戸所（1991）が指摘するように，中心市街地は誰もが自由かつ平等につながることができる空間であり，都市の文化，地域性の表現場所としての役割があるからである。すなわち，効率的かつ整然としたショッピングセンターではない，雑多ではあるが多種多様なつながりを生み出す可能性のある中心市街地に対して，今後の新しい社会のあり方や暮らし方を生み出す期待が寄せられているのである。

1-2　中心市街地活性化手段としてのまちづくり活動への期待

　こうした政策的動向と並行して，1980年代後半から1990年代以降，中心市街地を再生・活性化させる手段として，「まちづくり」が注目されるようになった。前述のように現在では生活の場としての総合的なまちづくりの必要性が求

められているが，西村（2010）が指摘するように，中心市街地を活性化させるには，商店街が「元気」であることが必要である。これは，地域商業のまちづくりに果たす役割は多機能にわたっており，経済的側面だけでなく地域伝統や文化の継承・発展，都市デザインや景観の維持・改善なども担っているためである（渡辺2011）。すなわち，中心市街地活性化のためには高度経済成長期の「商店街」ではない，成熟期に応じた新しい「商店街」が必要であり，それを目指すための手法が「まちづくり」なのである。

さらに，まちづくりを通じた人とのつながりや生き甲斐の形成も挙げられる。「無縁社会」などと言われて久しく，ソーシャル・キャピタルなどが注目されている昨今，まちづくりはその処方箋のひとつに挙げられる。まちづくり活動への参加者には，コミュニケーション能力に長け，多くの知人・友人がいる場合も多い。中心市街地は活動する場所としてのハード面でのストックだけでなく，活動的な人が集まるというソフト面でのストックも豊富である。こうしたことから，中心市街地の賑わいを創出するだけでなく，生活スタイルを創出する場としての役割を担うためのまちづくりが期待されているのである。

1-3　本章の目的

こうした状況をふまえ，本章では大型店撤退などによる商業機能の低下をきっかけとして，中心市街地商店街を場とした地域住民によるまちづくり活動に注目する。中心市街地における商業環境の変化や活性化への取り組みを紹介するとともに，まちづくり活動の状況およびその構成メンバーの分析を行う。その結果をもとに，持続的な中心市街地でのまちづくり活動の要因と今後の可能性について検討する。事例として，愛知県豊橋市をとりあげることにした。

2. 豊橋市中心市街地の概観

2-1　商業機能の変化

豊橋市は宿場町（吉田宿）を起源とする愛知県東三河地域の中心都市であり，2010年現在の人口は376,665である。農業産出額（474億円：全国6位，2006年），製造品出荷額（1兆1,267億円：県内11位，2013年），年間商

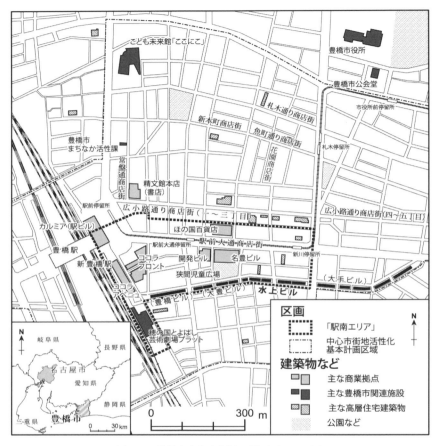

図 4-1　豊橋市中心市街地の概要（2015 年）

品販売額（9,758 億円：県内 3 位，2012 年）と，第一次産業，第二次産業，第三次産業ともに盛んである．交通・流通の結節点となっており，名古屋や東京といった大都市へのアクセスも良好である．

　中心市街地は豊橋駅から豊橋市役所にかけて広がっており（図 4-1），2013 年の人口は 8,184（市域の 2.2％），高齢化率は 32.9％である．2000 年以降，再開発事業などによってマンションの立地が多くみられ（大塚 2005），一部の地区では人口の回帰および若年層の増加がみられる．

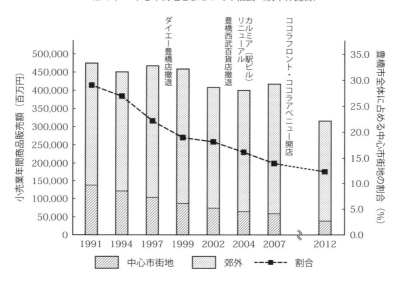

図 4-2　中心市街地における小売販売額の推移
資料：1991 ～ 2007 年までは商業統計，2012 年は経済センサスにより作成

　その一方で，商業機能は弱体化が進んでいる。図 4-2 に，中心市街地における小売業年間販売額の推移を示した。1991 年以降，豊橋市全体では若干の増減がありつつ緩やかに減少している。その一方で中心市街地では年々減少の一途をたどっている。豊橋市全体に占める割合についてみると，1991 年の時点では 29.0％と 3 割近い値をしめしていた。しかしこの 20 年間で急激に減少しており，2012 年現在では 12.3％まで落ち込んでいる。

　こうした状況を検討するために，図 4-3 に豊橋市およびその周辺における大型店の立地動向を示した。2000 年以前に立地した店舗は，そのほぼすべての店舗が市街地に分布していた。中心市街地には百貨店が立地し，市街地には食品スーパーを核店舗とするショッピングセンターが立地していた。郊外での大型ショッピングセンターの立地はそれほど進んでいなかった。しかし 2000 年以降になると，大型店の郊外立地が進む一方で，中心市街地における大型店の閉鎖がみられるようになった。1998 年には核店舗のひとつであった「ダイエー豊橋店」が閉店した。さらに 2003 年には「豊橋西武百貨店」が閉店した。その

図 4-3　豊橋市とその周辺における大型店の立地動向（2015 年）
資料：「全国大型小売店総覧」各年度版などにより作成

跡地は現在，地元企業グループによる飲食店やホテルから成る複合施設「ココラフロント」となっているが，核施設としての求心力の低下は否めない。さらに，隣接する西三河地域，遠州地域では，巨艦店と呼ばれる広域ショッピングセンターが立地した。このように全国の地方都市における傾向と同様，2000 年代以降に大型店が郊外へとシフトする一方で，中心市街地での空洞化が進んでいる。再び商業施設として利用されている店舗は一部に過ぎず，前述の中心市街地における商業機能の低下（図 4-2）の一因となっているといえる。

2-2 まちづくり活動とそれをとりまく状況

　豊橋市においても中心市街地活性化は主要政策課題のひとつであり，行政による取り組みも多く行われている。2009 年には「第 1 期豊橋市中心市街地活性化基本計画」が認定され，TMO 設立をはじめとしてさまざまな事業が行われてきた。ただし，中心市街地活性化法という国策の枠組みにおいては，いくつかの条件から行政の主体性が発揮しづらい状況にあったことも指摘されている（加藤 2012）。こうしたなかで，2014 年には「第 2 期豊橋市中心市街地活性化基本計画」が認定され，「にぎわいの交流空間を形成するまちづくりの推進」，「回遊したくなる魅力づくりの推進」，「快適に暮らせるまちづくりの推進」の 3 つを基本的方針として事業が進められている。

　こうした状況のなかで，中心市街地における地域住民や行政，地元商業者，民間企業によるまちづくり活動も活発化している（表 4-1）。年間を通じてほぼ切れ目なくイベントが開催され，実施主体も行政，地元商業者，民間企業，経済団体，住民と多岐にわたっており，商店街を中心として公共施設，広場，公園などで行われている。さらに行政（豊橋市まちなか活性課）は，こうした中心市街地での活動の情報集約・共有・連携を目的として，連絡会議の運営や Web ページの設置，SNS での情報発信，イベントスケジュールの発行などの取り組みを，地元企業などと連携して行っている。さらに，生活の場をつくるまちづくり活動もみられる。例えば後述する駅南エリアでは，バスターミナル閉鎖を契機として有志により跡地再生プロジェクトが立ち上がり，ハード・ソフト両面含めた計画が作成された。その後は地元商業者，住民，行政，民間企業，大学などにより組織されたまちづくり会議が設立され，「まちづくりビジョン」が策定された。事業終了後もエリアを拡大して活動が試みられている。

　このように，商業拠点としての地位は低下がみられる一方で，イベントやまちづくり活動は活発に行われており，生活の場としての地位を保つための取り組みが続けられていると言えよう。

表 4-1　豊橋市中心市街地におけるイベント（2014 年）

イベント名	開催時期	概要
まちなかマルシェ	毎月 1 回程度（週末）	マルシェ形式の食品販売など
春の豊橋まちなか歩行者天国	4～6 月の日曜日（計 4 日間）	歩行者天国による物品販売，イベント・ライブの実施など
のんほいよさこい～ええじゃないか！祭り～	4 月	よさこい踊りの実施
とよはしアートフェスティバル 2014	5 月（計 2 日間）	大道芸を中心としたパフォーマンスの実施
TOYO はしごナイト	5 月	中心市街地の飲食店が参加する街バルの実施
納涼まつり（夜店）	6 月	露店の出店など
まちなか☆こども夜店	7 月（計 2 日間）	商店街およびこども未来館ここにこ，まちなかマルシェによる子どもおよび大人を対象とした夜店の実施
サマーカレッジチャレンジショップ	8 月（計 21 日間）	駅前周辺の空き店舗を利用した学生による期間限定の店舗経営
あそぼ～さい	8 月（計 2 日間）	防災意識・知識の向上をはかるイベントの実施
都市型アートイベント sebone	9 月（計 3 日間）	「駅南エリア」に建つ水上ビルを中心とするアートイベントの実施
炎の祭典	9 月	「手筒花火」の実施
秋の豊橋まちなか歩行者天国	9 月～11 月の日曜日（計 5 日間）	歩行者天国による物品販売，イベント・ライブの実施など
豊橋まつり	10 月（計 2 日間）	「ええじゃないか運動」を起源とする市民による総踊りの実施
とよはしまちなかスロータウン映画祭	10～11 月（計 8 日間）	有志による映画上映およびそれに関連するイベントの実施
ええじゃないか豊橋音祭り	11 月	バンド演奏，吹奏楽，ダンス，琴，ゴスペル，バイオリン，民族楽器など，幅広い音楽を対象としたイベントの実施
とよはしインターナショナルフェスティバル	11 月	市内およびその近郊に住む日本人と外国人を対象とした異文化交流イベントの実施
とよはしキラキラ☆イルミネーション	11～1 月（計 89 日間）	豊橋駅ペデストリアンおよび周辺ビルにおけるイルミネーションの実施

資料：第 2 期豊橋市中心市街地活性化基本計画，豊橋まちなか情報ステーション Web ページほかにより作成

3．市民型まちづくり活動
——「とよはし都市型アートイベント sebone」の事例

　本章では，中心市街地商店街におけるまちづくり活動の事例として，「とよはし都市型アートイベント sebone（以下，sebone）」をとりあげる。まず，活動の中心となっている「駅南エリア」とその中にある商店街「水上ビル」の概要とその変遷について述べる。次に，sebone の成立経緯を整理するとともに，活動内容やメンバーの参加動機，メンバー間のつながりなどについて分析を行う。最後に sebone の展開プロセスと持続要因について，先行研究をふまえつつ考察

写真 4-1　水上ビル
手前が豊橋ビル，奥に続いているのが大豊ビルである。（2013 年 3 月 21 日筆者撮影）

する。
3-1　活動地域の概要とその歴史
　「駅南エリア」は駅前大通りと水上ビルとにはさまれた区域の通称であり（図 4-1），そのかなで特徴的な建造物のひとつがその「水上ビル」である（写真 4-1）。牟呂用水を暗渠化するように全長約 800m に渡って立ち並んでいる。水上ビルは愛称であり，西から「豊橋ビル」，「大豊ビル」，「大手ビル」の 3 つのビル群に分かれている（図 4-1）。それぞれ所有・成立経緯が異なっており，豊橋ビルは養鰻組合を出自とする会社が所有する 1 棟の建築物である。1 ～ 2 階部分が飲食店および事務所，3 ～ 5 階部分が賃貸住宅となっている。大豊ビルは商店街組合（大豊協同組合）に所属する個人による所有であり，「タテ割りの 3 階（一部 4 階）建て長屋」となっている。9 棟から成っており，主に 1 階部分をテナント，2 階以上を住居（一部テナント）として利用しているケースが多い。大手ビルは 1 ～ 2 階が個人の所有，3 階以上は県の所有（元県営住宅）となっており，全 5 棟から成っている（黒野 2010）。

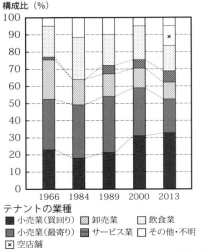

図 4-4　大豊ビルにおけるテナント業種構成の変化
資料：住宅地図各年版および現地調査により作成

　こうした特殊な建築物が建設された背景として，戦後の都市計画事業の実施が挙げられる。大豊協同組合の前身は，戦後に成立した青空市などで営業していた商業主が現在の名豊ビルの場所へ移転し1951年に開店した「大豊商店街」であった。木造の密集商店街であり，約700坪の敷地に58店舗が営業していたという。防災建築街区造成法の適用を受けたことなどをきっかけとして移転が決定した際に，周辺地域では用地確保が困難であったことから，牟呂用水上に建設されることになった。その際，補助金の活用が難しかったため，組合員が銀行借り入れなどによる自己負担が一部行われた。そして，土地は河川管理者からの借地，建物は自己所有という形式で1964年に大豊ビルが完成した。当時は店舗共同化の「成功事例」として業界誌にとりあげられている[1]。

　図4-4に，1966年から2013年までの5ヵ年における大豊ビル1階部分の店舗構成の変遷を示した。ビル全体に占める割合をみると，1966年の時点では小売業が最も高く（52.5％），次いで卸売業が高くなっていた（23.0％）。しかしながら，時間がたつにつれ卸売業の割合は低下していく一方で相対的に飲食店が増えており，2013年現在では，小売業が依然として最も高いが（52.5％），次いで高いのは飲食店となっている（14.8％）。さらに，空店舗も

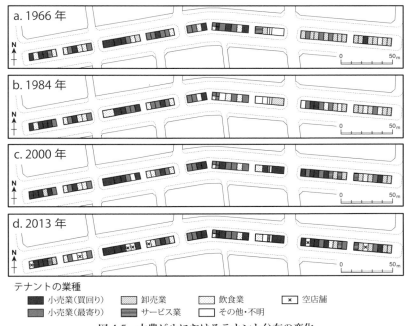

図4-5　大豊ビルにおけるテナント分布の変化
注：1階部分のみ示した。資料：住宅地図各年版および現地調査により作成

目立つようになり，全体の11.5％を占めるようになった。続いて，業種の空間的な変遷を図4-5に示した。

　大豊ビル建設初期である1966年時点では，業種ごとにエリアで分かれている傾向にある。これは，名豊ビル建設の際に大豊ビルに移転する際に，豊橋駅からの距離が近い西側には小売業を入居させ，駅から遠い東側には卸売業を中心に入居させたことによる。しかしながら，その後はそうした傾向が薄れていき，2013年現在では，東側部分で卸売業の集積が若干みられる程度となっている。この理由として，店舗部分をテナントとして貸すようになったことが挙げられる。大豊ビルは前述のように水路の上に建つため借地料が安価であり，テナント料も安い。そのため若手商店主によるセレクトショップや飲食店の出店がみられる。その一方で所有者の高齢化や経営難などを理由に，近年は空店舗もみられるようになっている。

3-2 「sebone」の成立経緯と活動内容

　このように，水上ビルにおける商業活動が停滞するなかで，駅前大通りを挟んで南北の開発状況の差がみられるようになった。1960〜1970年代にかけては名豊ビルや開発ビルなど，駅南エリアにおいて資本の投資が行われたが，1990年以降は民間を中心として，駅前大通りの北側で開発がすすめられている。さらに1998年にはダイエー豊橋店が，2003年には西武百貨店が撤退するなど，駅南エリアを中心とした豊橋市中心市街地全体の求心力は弱まっていた。

　こうした地域の変化を背景として，豊橋駅前の景観変化に対して，アートにより中心市街地における人の流れの創出および文化的意味付けを狙うべく，まちづくりやアートを専門とする若者・学生などで構成された6名によるグループ「gggyutt」が2003年に結成された。そして，翌年より，「都市型アートイベントsebone」として活動が始まった。seboneは水上ビルを中心市街地の「背骨」に見立てて名づけられたものであり，アートによるひとづくり（アートの魅力を活かした「人と出会うことの楽しさ」，「想像することの面白さ」，「創造性の育成」など）と，まちづくり（まちでの活動を通じた「まちなかの魅力再発見」，「店舗の魅力発信」，「新たな賑わい空間の創造」など）を目的としている。2006年には狭間児童広場地下のバスターミナルが廃止される一方で，2012年には豊橋東口駅南地区にPFI事業による芸術文化交流施設「穂の国とよはし芸術劇場プラット（以下，プラット）」が完成するなど駅南エリアの状況が変わっていくのに合わせて，seboneの活動も変化している。

　2014年現在におけるseboneの主な活動を表4-2に示した。夏休み中の本イベント開催（写真4-2）をメインとしているが，ライブイベントやまちあるきの実施（写真4-3），水上ビル壁面へのアート作品の恒常展示など，年間を通じた継続的な活動が行われており，イベント期間以外にも駅南エリアでの活動ができるような取り組みもなされている。また，活動場所は水上ビルだけでなく，名豊ビル，プラット，狭間児童広場など，駅南エリアに広くわたっている。さらに，実行委員メンバーは年間を通じて月2回，2時間程度の会議を大豊協同組合事務所で行うなど，継続的な情報交換などが行われている。さらに，他の団体やまちづくりイベントと連携して活動するなど，中心市街地という空

表4-2 「sebone」の主な活動一覧（2015年）

活動名	実施内容
都市型アートイベント「sebone」の開催	夏休み期間に，駅南エリアにおけるアートを題材としたイベントを実施
アート作品の展示	水上ビルおよび名豊ビルに，絵画，彫刻，写真，陶芸，その他現代アートなどの作品を展示
アート体験ワークショップの実施	模型や折り紙，楽器，アクセサリーなどの作成を中心としたワークショップの実施
スタンプラリーの実施	駅南エリアを対象として様々な場所の魅力について体験
音楽ライブ・ダンスパフォーマンスの実施	音楽もアートの一つととらえ，バンド演奏や吹奏楽，ダンスなどのパフォーマンスを実施
小学生による作品展示（「お店をつくろう」）	市内の小学校と連携し，夏休みの工作のテーマとして，まちを題材とした絵画や模型を展示
大学生による作品展示・発表	地元大学生による建築・まちづくりに関する作品展示や，研究発表の開催
壁えほん／壁面アートの設置	豊橋ビルおよび大豊ビルの壁面に，大型アート作品を設置（3年に一度架け替え）
「手形」の設置	「seboneライブ」出演アーティストの手形を大豊ビルの一角に設置することで，「新しい名所」を創出
「駅南まちあるき」の実施	駅南エリアにおける地理・歴史的魅力を伝えるため，sebone実行委員によるまちあるきツアーを実施
「seboneライブ」の開催	プロアーティストによる音楽ライブを駅南エリアで開催し，普段駅南エリアを訪れない人たちに魅力を紹介

資料：sebone実行委員会資料ほかにより作成

写真4-2　seboneイベントの様子
（提供：sebone実行委員会）

写真 4-3　まちあるきの様子
水上ビルの成り立ちや建築の特色について説明がなされている。（2014 年 4 月 26 日筆者撮影）

間内で，多彩な活動が進められている。

3-3　実行委員メンバーの構成とそのつながり

　2004 年から現在まで，試行錯誤を重ねつつも sebone によるまちづくり活動は継続して行われてきた。まちづくりの枠組みとその展開プロセスを整理した石塚（2007）は，持続する取り組みに向けた条件として，いつでも相互に連携をとれる「場」と「資金」の確保の 2 点を挙げている。とくに前者については，「それぞれの思いが対等に位置する水平ネットワーク状の組織形態，あるいは，その時々の活動テーマに応じて，大きくもなり小さくもなる柔軟な組織形態の方が，現実的かもしれない」と述べており，メンバーによる組織形態が重要であることを指摘している。そこで，第 10 回 sebone 実行委員会の主要メンバーおよびその組織形態について分析を行った。

　まず，年齢構成および出身地を示したものが図 4-6 である。20 代～ 40 代にかけて偏ることなく分布しており，10 代も関わっている。また，16 人中 3 名が女性である。さらに，メンバーのうち 3/4 が豊橋市出身であり，東海地方にまで広げると 16 名中 14 名が地元出身者となっている。このことから，地元の若手～中堅にあたるメンバーによってバランスよく組織されていること

第 4 章　中心市街地とまちづくり活動（駒木伸比古）

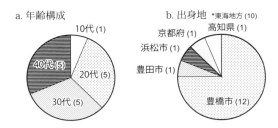

図 4-6　第 10 回 sebone 実行委員会主要メンバーの年齢および出身地
　　　資料：アンケート調査により作成

がわかる。

　次に，主要メンバー間の社会関係を示したものが図 4-7 である。sebone 以外のつながりについて表示しており，複数存在する場合は最も重要なものを描画した。これをみると，仕事や任意組織，学校といったオフィシャルなつながりだけなく，友人・知人といったプライベートなつながりもみられる。任意組織には青年会議所や商工会議所青年部などが該当しており，商工業に関わるつながりが重要となっている。また，地元高校の出身者が一定数を占めているこ

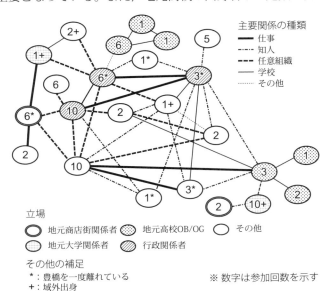

図 4-7　第 10 回 sebone 実行委員会主要メンバー間の社会関係
　　　資料：アンケート調査により作成

とにも注目したい。これは，高校におけるボランティアサークルが関係しており，高校在学時にボランティアとしてseboneの活動に参加したことがきっかけとなり卒業後もseboneに関わっているためである。また，ボランティアサークルと関係が強いメンバーが実行委員会にいるため，情報交換や呼びかけが容易となっていることが挙げられる。

　さらに，各々の役割を担うキーパーソンの存在を指摘したい。まずは，水上ビル（商店街）との関わりである。大豊ビルの出身のA氏は進学のため県外へ出た後，勤務を経て豊橋に戻り大豊ビルに事務所をかまえた。現在に至るまでseboneに限らず水上ビルを中心とした駅南エリアのまちづくりに積極的に関わっている。sebone会議においても議事進行を進めたり，大豊共同組合の理事長として水上ビルの商店主との交渉役を務めたりしている。一級建築士の資格も有しており，建築物に関する知識も豊富である。このように，A氏の存在により，まちづくり活動を行う場である商店街とのコンセンサスが得られやすい状況にあるといえる。次に，行政とのかかわりである。sebone初期メンバーのB氏は行政関係者と関わりが強く，現在に至るまで会計や事務手続き，行政と交渉役などを務めてきた。そのほか，同様の立場で行政との交渉役を務めるメンバーや，地元行政職員もメンバーとして参加している。このように，行政関係者が多数いることによって，場所の確保など行政との調整が行いやすい状況にある。さらに，地元の商工業者との関わりである。初期メンバーのC氏は各種イベントを運営したり参加したりする豊富な経験を有しており，地元経済界とのつながりも強い。こうしたノウハウを活かして，イベント開催にかかわるハード・ソフト面，金銭面での交渉・サポート役としての役割を果たしている。極力補助金に頼らず運営するためには協賛企業の募集などが必要であるが，こうした広いコネクションを持つメンバーがいることによって，資金確保の問題をクリアできているといえる。最後に，「まちづくり」コーディネータの技術を持つメンバーの存在である。sebone初期メンバーのD氏は，大学院在籍時より現在も中心市街地をはじめとして各種まちづくり活動を行っている。会議における議事進行だけでなく，アーティストとの交渉なども務めるなど事務局としての役割を果たしている。会議ではメンバーから「まちづくり」に対する様々なアイデアが提示されるが，それをとりまとめて「まちづくり活

動」として具体化できているのは，こうした専門家の存在が欠かせない。

　なお，第1回～第10回における実行委員メンバーの変遷をみると，入れ替わりは頻繁に行われている。ただし，これは誰もが参加しやすいことの裏返しでもあると言える。さらに，上記のような複数のキーパーソンが存在するだけでなく，メンバーそれぞれが得意な分野で活動できる環境がある。こうしたことが，今日に至るまで「sebone」として持続的に活動できている要因の一つであると言えよう。

3-4　「sebone」によるまちづくり活動の考察

　前述の石塚（2007）は，まちづくりの展開を促す8つのキーワードと6段階の展開プロセスを提示している。これを参考に，sebone 活動の持続性について，以下の6点を指摘したい。

　第一は，地域住民による中心市街地への関心の発起である。2003年の豊橋西武の撤退をきっかけとした跡地活用，芸術文化ホールの建設計画，バスターミナルの閉鎖などによる駅南エリアにおける都市機能の地盤沈下と，水上ビルという地域資源の存在にメンバーが気づいたことが，sebone の活動の発端である。さらに，イベント期間中，さらには「まちあるき」を通じて，メンバーだけでなく，広く駅南エリアにおける「景観の気づき」をもたらす取り組みが行われている。

　第二は，メンバーと商店街との関係性の構築である。実行委員メンバーが商店主に対して sebone 活動について説明するとともに，毎回の会議を水上ビルで行っていることに注目したい。初期のころは，商店主は sebone の活動について懐疑的であったというが，活動回数を重ねることで活動趣旨が理解され，現在では商店主も会議に参加したり，イベント時に協力したりするようになっている。また，sebone への活動参加の敷居は低く，毎回の新規メンバーの多さがそれを示している。また，会議では司会は設定しているものの基本的にフリーディスカッションであり，また極力アイデアをくみ取り，自己実現の場をつくる努力もなされている。

　第三は，情報共有および情報発信の仕組み作りである。定期的に会議を行うとともに，Web ページ[2]やメーリングリスト，Facebook や LINE などの SNS

などを用いて情報共有を行っている点が該当しよう。

　第四は，行政や民間企業，地域住民からのサポートである。行政によるseboneの評価などをみると，中心市街地活性化基本計画において主要なイベントのひとつとして位置付けられている。さらに，イベント開催にあたっては場所の利用や宣伝などにおいて，行政，民間含めて有形無形のサポートがある。こうした中心市街地活性化に対する住民の思いを姿にする一つのイベントとして，seboneが位置づけられている。さらに，地元商業団体や協議会，地元民間企業，教育機関も共催・後援に加わっている。

　第五は，多彩な専門知識・技術をもったメンバーがいることである。建築士，地域計画コンサルタント，市議会議員，大学教員，各種技術者などがメンバーまたはメンバーの周囲にいるため，「場」と「像」，いずれの専門家からの意見や協力を得られる環境にある。また，前述のように行政からのサポートはあるが，あくまで主導はメンバーである点も指摘できる。さらに，seboneだけでなく，任意団体や高校OB・OG，経済団体，地元行政などのつながりもあるため，水平型組織，垂直型組織の両者が組み合わさっているといえる。

　第六は，他団体とのゆるやかな連携と，協賛企業からの資金提供が挙げられる。前者については，豊橋市まちなか活性課を通じたイベント会議や個人的なつながりなどによって，中心市街地におけるまちづくり活動と可能な範囲で連携がとられている。さらに駅南エリアでは，2008年に自治会，商店街，エリア内のオフィス，百貨店などの所有企業，鉄道会社，イベント企画団体，大学，行政による「豊橋駅前大通地区まちなみデザイン会議（発足時は「豊橋駅前大通南地区まちなみデザイン会議」）」が発足している。定期的な会議やワークショップの実施などが行われており，中心市街地におけるゆるやかな連携がとれる状況にある。後者については，補助金だけに頼ることなく，メンバーが協賛企業から直接・間接的に協賛金を毎年得ている。こうした「場」と「資金」の両者が担保されていることが，現在までのseboneの持続的な活動につながっているといえよう。

　一方で，いくつか課題も挙げられる。第一は，実行委員が多種多様なメンバーにより構成されているが，入れ替わりが激しいという点である。また，商店街の商店主も積極的にかかわっているが，活動に割く時間の確保が困難であ

ることから「若手商店主」の加入はほとんどみられない。また，組織運営としては不安定な部分が多々ある。第二は，「アートイベントか，まちづくり活動か」という命題である。専門家もいるが，現在のアート運営に関してはいうなれば「アマチュア」の集団である。アーティストに対して「まちづくり」にかかわることのメリットをどのように伝えるかが課題となっている。さらに，駅南エリア地域再開発，とりわけ水上ビルの今後のあり方に関する構想といった長期的な視点の必要性である。水上ビルは建築後50年が経過したが，建築基準法改正以前の建築物である。現行法では水上ビルの建て替えは難しい。水上ビルという地域資源を活かすためにも，中心市街地における「まちづくり」に関する長期的視点を持たなくてはならないという大きな命題がある。

4．中心市街地でのまちづくり活動に求められるもの

　本章では，地方都市である愛知県豊橋市を事例として，大型店撤退などによる商業機能の衰退をきっかけとして，中心市街地における商店街を場として地域住民およびアーティストにより始められたまちづくり活動をとりあげ，中心市街地における商店街・まちなか活性化への取り組みの紹介とその可能性について検討してきた。その結果，今日に至るまでの持続要因として，（1）地域住民からの中心市街地問題への関心発起，（2）メンバーと商店街との信頼関係の構築，（3）情報共有および情報発信の仕組み作りの整備，（4）行政や民間企業，地域住民からの有形無形のサポート，（5）多彩な専門知識・技術をもったメンバーの存在，（6）他のまちづくり活動とのゆるやかな連携と協賛企業からの資金提供の6点をその条件として整理した。そして，こうした活動ノウハウを他のまちづくり団体間で共有したり意見交換する場や機会があることで，豊橋市中心市街地全体のまちづくり活動が刺激されているといえよう。

　豊橋市に限らず，中心市街地におけるまちづくり活動は現在も盛んに行われている。では，その今後の意義についてどのようにとらえていけば良いだろうか。この答えの一つとして，人口減少・少子高齢化の進行や東日本大震災の発生を契機とした地域社会に対する関心の高まりを挙げたい。例えばseboneメンバーに対するアンケートを行った際，「震災後，社会に対して自分に何がで

きるかを考えてsebone活動に参加した」という回答がみられた。こうした際にもっとも重要であるのは，その関心をいかに共有して形に変えていける場を作れるかである。そしてその際に重要であるのは，活動する「まちづくりメンバー」とその場所で生活する「地域住民」との相互理解である。例えばseboneでは，水上ビルという場があり，水上ビルの人々がseboneの活動に理解を示している。seboneメンバーに対する期待も高い。メンバーも水上ビルという場を提供してもらっていることを認識しており，可能な限り中心市街地で買い物や余暇活動を行っている。もちろん，そこには資金的に援助する地元経済界や各種サポートを行う行政の存在も無視してはならない。こうした場のなかで，様々な主体の考えを受け入れることが可能な「アート」を通じて，メンバーそれぞれの技術や動機が活かされているのである。こうした動きに反応し，水上ビルに出店する商業者もみられるようになった（鈴木2013）。

ただし，イベント期間外での賑わい創出については課題も多い。中心市街地活性化を経済面と文化面，いずれからとらえるかについては意見の分かれるところである。また，まちづくりは時間と労力も必要であるが，生活がおろそかになってしまっては本末転倒である。あくまで自分自身の暮らしを豊かにするものであり，それぞれができる範囲で「まちづくり」に関わっていくことの相互理解が必要不可欠であろう。

なお，豊橋市駅南エリアでは現在，大きな再開発の動きがある。それが，名豊ビル・開発ビル・狭間児童広場の区画を対象とした再開発事業である。2棟の再開発ビルおよび広場が設置され，再開発ビルには商業施設・住居施設だけでなく，「まちなか図書館（仮称）」が導入されることとなっている。近年，図書館は市による「交流の場」としての役割が注目されており，まちづくりの中核施設として位置付ける自治体も増えている（猪谷2014）。これに関連して行政だけでなく住民主導のワークショップや発表会なども開催されている。そのほか，商店街と地元大学とのコラボレーションによるコミュニティスペースの整備・活動, 有志による空き家・空き店舗ツアーなどもみられる。こうしたハード面，ソフト面の動きをどのように中心市街地のまちづくりに活かされ，具体化されるのか，今後の展開が注目される。

付記

　本章を執筆するにあたり，sebone 実行委員の皆様には資料の提供やアンケートへのご協力をいただくなど多大なご協力をいただきました．また，調査は，愛知大学地域政策学部の 2013 年度および 2014 年度開講の「ゼミナールⅠ（駒木ゼミ）」受講生とともに行った．ここに厚くお礼申し上げます．

注
1）金子　隆編 1965.『オール生活 8 月号』60-63，株式会社実業之日本社.
2）http://seboneart.com/

文献・資料
石原武政・西村幸夫編著 2010.『まちづくりを学ぶ―地域再生の見取り図』有斐閣.
石塚雅明 2007．まちづくりの枠組みとその展開のプロセス．西村幸夫編著『まちづくり学―アイデアから実現までのプロセス』11-25．朝倉書店.
猪谷千香 2014.『つながる図書館―コミュニティの核をめざす試み』筑摩書房.
大塚俊幸 2005．豊橋市中心市街地におけるマンション供給と居住地選好．地理学評論 78：202-207.
加藤　拓 2012．まちづくり三法下における商業機能の動向と中心市街地活性化政策の課題―愛知県豊橋市を事例として．日本地理学会発表要旨集 81：95.
黒野有一郎 2010．豊橋「水上ビル」懇話―その成り立ちと次の 10 年にむけて．都市計画 59（4）：78.
黒野有一郎 2014．建築家は、リージョンをもつ．(1) ―「豊橋」と「水上ビル」．ARCHITECT 315：6-7.
黒野有一郎 2015．建築家は、リージョンをもつ．(2) ―「水上ビル」のはじまり．ARCHITECT 317：6-7.
鈴木正廣 2013．大豊商店街の現状と課題．年報・中部の経済と社会 2013：199-211.
戸所　隆 1991.『商業近代化と都市』古今書院.
山川充夫 2004.『大型店立地と商店街再構築』八朔社.
渡辺達朗 2011.『流通政策入門（第 3 版)』中央経済社.

コラム2
フードデザート問題

岩間信之

　とある地方都市で，一人のお年寄りにお会いした。公営団地に一人で暮らすこの女性は，近所に店が少ないため，徒歩で遠方に買い物に出かけている。近所付き合いは少なく，一日の大半を自宅で過ごしている。調理はせず，食事の中心は惣菜とレトルトフードである。野菜と魚を一切食べないが，食生活を注意してくれる人はいないという。

　近年，食生活に問題を抱えた高齢者が増加している（低栄養の拡大など）。こうしたなか，買い物弱者問題に注目が集まっている。買い物弱者とは、中心商店街の空洞化などにより，買い物が困難となった高齢者を意味する。農林水産省は，850万人（65歳以上では360万人）の買い物弱者が存在すると推計している。買い物先空白地帯と目されるエリアでは，移動販売車やネットスーパー，買い物バス等などの支援事業が進められている。しかし，実際には利用者が集まらず，顕著な成果は得られていない。このことは，現行の支援が，本当に支援を必要としている高齢者に十分には届いていないことを意味する。問題は，「具体的に誰が，どこで，どのように困っているのか」という基本的な情報が欠落したまま，手探りで支援事業が進められている点にある。

　フードデザート（食の砂漠：FDsと略記）とは，生活環境に関する何らかの要因によって住民の健康的な食生活が阻害された，都市内部の一部地域を意味する。買い物弱者は，FDs問題の一側面である。1980年代のイギリスでは，地方都市の低所得者層（おもに外国人労働者層）が集住したFDsで，食生活の悪化に基づく健康被害が拡大した。商店街の空洞化や，健康的な食生活に関する住民の知識や意欲の欠如などが，FDsの主要因であった。食生活を悪化させる要因は，買い物先の不足だけではない。問題の本質は，弱者に対する社会

的排除にある。

　筆者たちの研究グループは，これまで日本各地で FDs 問題の実態調査を進めてきた。その結果，商店街が空洞化した地方都市や過疎山村，高齢者が孤立するベッドタウンなどで，FDs が確認された。これらの地域では，①商店街の空洞化などによる買い物先の減少，および②地域における相互扶助体制の希薄化，という共通点がみられた。

　FDs の特定は難しい。一見すると店がなく，買い物が困難であると思われる地域でも，実際には自動車によるまとめ買いや近所同士のお裾分け，買い物代行，会食などにより，良好な食生活が維持されているケースが多い。一方，住民同士の相互扶助体制が弱体化した地域は，お裾分けなどの生活支援が少ないだけでなく，人と人との繋がり自体が総じて希薄である（ソーシャル・キャピタル：SC の低下）。社会からの孤立は，高齢者から健康的な食生活を維持する気力を奪うだけでなく，自立度自体の低下を誘引する。こうした地域では，食生活の悪化が顕著である。社会疫学の分野でも，相互扶助の地域差が，高齢者の健康格差を招く大きな要因であると指摘している。

　FDs の特定には，学術調査が不可欠である。図 1 は，地方都市 A 市の中心部

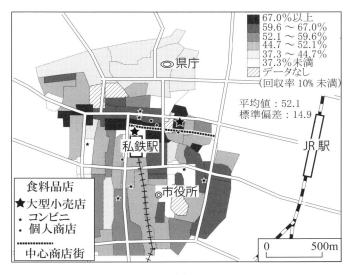

図 1

における，食生活が悪化した高齢者の集住地域（FDs に該当）を示す。A 市で食生活の悪化が顕著なのは，SC が著しく低下した駅周辺である。しかし当該地区には食料品店が残っており，買い物先空白地帯には含まれない。そのため，駅周辺では，食生活改善のための支援事業はほとんど実施されていない。買い物先のみに着眼した現行の支援事業の，大きな盲点である。

現在の買い物弱者支援事業は FDs に対応しきれていない。持続的・効果的な高齢者支援を行うには，FDs の実態に即したサポートを，支援を必要とする高齢者に，的確に提供する必要がある。そのためには，学術研究に基づいた FDs の特定と，支援事業の再検討が必要である。

参考文献
岩間信之編 2013.『改訂新版　フードデザート問題―無縁社会が生む食の砂漠』農林統計協会.
岩間信之ほか 2015. 高齢者の健康的な食生活維持に対する阻害要因の分析―GIS およびマルチレベル分析を用いたフードデザート問題の検討―．フードシステム研究 22-2：55-69.

第5章
温泉地の観光まちづくり

山田浩久

1. 観光まちづくりの課題

　地方中小都市では，少子・高齢化の進行に加え，大都市部への人口流出が継続し，人口減少に歯止めがかからない問題が生じている。これらの都市では，常住人口減による消費活力の低下やそれに伴う経済活動の低迷を交流人口増によって回避しようとしている。市民協働による中心市街地活性化策や住民主体のまちづくり活動も，多くは当該地域の常住人口減を根幹とする問題を地域外から人を呼び込むことによって解決しようとするものである。

　しかしながら，常住人口を維持できない都市が，交流人口を増やすことはきわめて難しい。住民にとって魅力の無い街に来訪者が魅力を感じることはないからである。全国的な人口動態から見て常住人口の急増は望めないにしても，常住人口の維持と交流人口の増加は同じ視点で論じられるべきであろう。

　常住人口を維持できない最大の理由として挙げられるのは，新規雇用が創出されない，あるいは所得の増加が見込めないといった経済的不活性である。そして，経済活動が低迷しているのは，当該地域に市場を形成するような財が存在しないためである。ただし，多くの地方中小都市には，興味深い文化や豊かな自然環境といった市場を形成しにくい潜在的な財が存在する。地方中小都市の経済を活性化させるためには，この潜在的な財に経済的な価値を見出し，市場を形成させることが必要である（Cloke 1992）。

　地方中小都市が有するこの潜在的な財は地域資源と呼ばれ，それらに市場を形成させる方策の一つとして観光の重要性が指摘されている（足場 1988；田林 2012）。なかでも，観光まちづくりは観光庁が提唱する「住んでよし，訪

れてよし」の地域づくりを基本とし，地域の魅力を来訪者に伝える手法を市民（行政，事業所，住民）が協働して考案し，実践する活動であり，観光業の育成のみならず，観光を中核に据えた地域全体の活性化策として注目されている。

　観光まちづくりによって来訪者が増加すれば，多くの事業所がその経済効果を享受できることはもちろんである。しかし，最も重要な点は，その過程を通じて市民の地域に対する愛着や誇りが培われることである。市民が地域の魅力を伝えるためには，まず彼ら自身が地域の魅力を知る必要があるからである。地域への再認識が人口の定着率を高め，住民の満足度を来訪者の増加に結びつけることが観光まちづくりの最終的な目的であると言える。中心市街地活性化法の改正を単なる企業活動の規制緩和に終わらせないためにも，中心市街地を舞台にした観光まちづくりが重要になってくるであろう。

　まちづくりは，基本的に住民の自発性に委ねられるマイペース型の取り組みであり，他地域と競い合うようなものではない。また，観光まちづくりの意義や目的を考えると，その主体は住民でなければならないし，彼らには自身の感覚で地域の魅力を見つけることが求められる。しかしながら，地域資源を観光資源として，そして来訪者を観光客として捉え直し，観光を地域経済に取り込む以上，観光まちづくりには競争の概念が盛り込まれ，差別化や付加価値の議論が生まれる。換言すれば，同列の観光地よりも大きな魅力を提供するために必要な実現可能な具体案が提起・検討されなければならない。その際のポイントは，地域が発信する魅力を観光客が受け入れるかどうかではなく，観光客の要求に地域が対応できるかどうかである。

　観光の提案は，従来，出発地の旅行業者が観光商品を薄利多売の戦略で売りさばくといった形で進められてきたが，観光まちづくりに要求されるのは，このような発地型観光ではなく，個々のニーズに対応した自由度の高い着地型観光の提案である。そのためには，住民の自主性や感覚を重視しながらも，それを観光客のニーズに誘導していく行政の姿勢と観光客の直接的な受入れ先となる観光関連業者の意識が重要になる。両者の連携は不可欠であることはもちろん，観光客の多様なニーズと行動パターンの正確な把握が観光まちづくりの成果を左右すると言える。

　本稿では，温泉を観光の目玉にする山形県上山市を事例に，行政の姿勢と宿

泊業者の意識を明らかにし，旅行者の意思決定過程を検証することによって，中心市街地の観光まちづくりで着目しなければならない宿泊者の行動パターンを指摘することを目的とする。土産品や食材の生産等も考慮すれば，観光まちづくりは，住民，行政，観光関連業者を核とし，地域全体で取り組まなければならない総合的事業であり，多くの地方都市において発展途上にある。本稿は，それらの都市で今後効果的な観光まちづくりを企画・実施していく上でも大きな意義を持つものである。

　まず，次節で上山市の観光実態と観光政策を概観し，第3節で宿泊業者の意識を経営者へのインタビュー調査の結果から明らかにする。第4節では，宿泊者へのアンケート調査の結果に基づき彼らの行動を整理し，最終節で議論をまとめる。

　なお，インタビュー調査は2012年8月に実施した。対象者は上山市の観光物産協会に加盟する22のホテル・旅館（以下，旅館）のうち，調査を了承した18名の社長あるいは女将である。インタビューでは，1）経営者の姿勢，2）設備投資，3）観光客の月別変動，4）宿泊者・宿泊形態の変化，5）異業種間連携，に関する経営者の見解を聞き取った。アンケート調査は，了解を得られた16軒の旅館の宿泊者を対象に2012年9月から2013年8月までの1年間にわたって行われた。回答者は宿泊グループの代表者である。1年間の全数調査は不可能であるため，各旅館には1ヶ月から2ヶ月の間隔をあけて10部ずつ調査票を配布した。1年間で配布した調査票の総数は1,440通であり，回収数は568通，うち有効回答は564通（有効回答率39.2％）であった。

2. 上山市の観光政策

2-1　上山市の概観

　山形県上山市は山形市の南東に隣接する人口33,843人の市である（2010年国勢調査報告）。上山市の歴史は中世期における鶴脛温泉の発見に始まり，16世紀初頭から17世紀末までは城下町として，その後は羽州街道の街道町として発展した。湯治場としての素地に加え，城下町と街道町の特色を併せ持つ都市は珍しく，その歴史的特徴を活かした上山市独自の活性化策が模索され

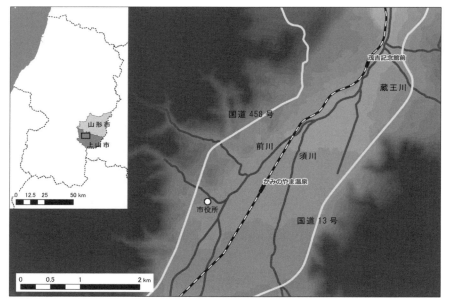

図 5-1　上山市の地形

ている。地形的には山形盆地と米沢盆地の中間に位置する上山盆地の西側斜面に市街地が形成されている。同市の中心河川は須川で，市街地北東で前川，市域北端で蔵王川と合流する（図 5-1）。

　山形市の北部に位置し積極的に宅地開発を行ってきた天童市とは対称的に，上山市の宅地開発は消極的で市街地の拡大は最小限に抑えられてきた。しかし，近年では盆地東側斜面に沿って走る国道 13 号線から前川右岸までの平坦部に対して民間ベースでの宅地開発が進められるようになり，2012 年には県外資本の中規模スーパーマーケットがコアテナントとなるショッピングセンターが建設された。ショッピングセンターの建設は，新興住宅地に居住する住民のみならず全住民の生活利便性を向上させたが，一方で，前川左岸に展開する中心市街地の衰退を加速化する大きな要因ともなっている。

　上山市は，このような状況を否定的に捉えてはいない。ショッピングセンターは市街地をバイパスする国道 13 号線の流れを変え，温泉街へ人を引き込む施設となりうる，という姿勢である。また，紅葉の観覧やウィンタースポーツで

第5章　温泉地の観光まちづくり（山田浩久）

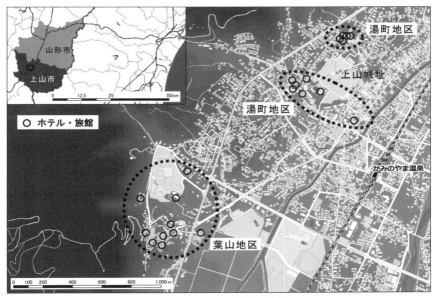

図 5-2　ホテル・旅館の分布

蔵王を訪れた観光客を直接13号線に乗せず，市街地に足を向けさせるきっかけを作る可能性もある．たしかに，中世期の区画が残存し，昭和期の開発の遅れが逆にレトロ調の景観を見せている中心市街地と近代的なショッピングセンターとのコントラストは明瞭であり，来訪者の興味をそそる．開発の遅れという「弱み」を，同市観光の「強み」として市街地散策を提案することは，観光まちづくりを進めていくうえでも重要な発想の転換である．しかし，残念なことに，そのために必要な動線は確保されておらず，散策のためのフットパスは市街地の内部にまで入り込まないと分からない．

　上山市内の温泉街は，3地区に分けられる（図5-2）．開発の歴史が最も古いのは市街地北部の「湯町」地区で，その南部には昭和期に開発された「新湯」地区があり，歴史が最も新しいのは市街地南西外縁の丘陵部に位置する「葉山」地区である．敢えて周囲の旅館とは異なる特徴を創り出そうとしている旅館を除くと，3地区にはそれぞれに固有の特徴を指摘できる．

　湯町地区は湯治場時代の名残が残る温泉街で，周囲には湯治客が自炊するた

めに開業したと思われる八百屋や肉屋といった小売店が残存する。同地区には小規模で宿泊単価も低い旅館が密集して立地しており，革新に対して消極的で従前のスタイルを固持する傾向が強い。上山城を挟んで同地区の南側に近接する新湯地区は昭和前期に開発された温泉街であり，土産屋や飲食店が立地し，温泉旅館街として発展してきた景観を見ることができる。新湯地区には50部屋以上の部屋数を有する上山市内では大型旅館に位置づけられる旅館が立地しており，宿泊単価は湯町地区よりも高めに設定されている。上山市の中心市街地からは少し外れた南西の丘陵部に位置する葉山地区には，50部屋未満の中規模旅館が多く立地しており，宿泊単価は新湯地区に立地する旅館よりもさらに高めに設定されている。これらの旅館は館内施設を充実させ，宿泊者を館内に取り込むスタイルで差別化を図ってきたため，周囲に立地する小売・飲食店舗は少ない。

　上山市に納付された入湯税に基づく集計によれば，宿泊者数は1980年代まで60万人前後で推移していたが，1990年代に大きく減少し，40万人代にまで低下した（図5-3）。さらに，2000年代後半は再び減少化傾向を見せるようになった。いずれも全国的な景気の低迷が反映されていると考えられるが，

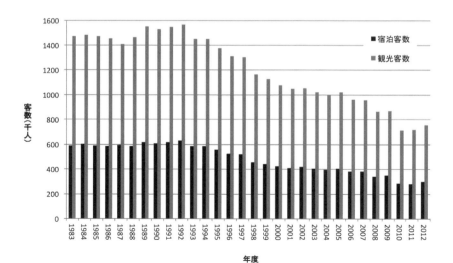

図 5-3　観光客数・宿泊客数の年次別推移

2000年代後半に見られる減少の一部は，宿泊者数を抑え付加価値を高めることで宿泊単価を上げるといった経営戦略の転換やそのような転換に乗り遅れた旅館の廃業によると推測される。

上山市観光課によれば，同市では，2月の樹氷観覧，6月のさくらんぼ狩り，10月の紅葉観覧に観光客が集中する。また，2011年3月に発生した東日本大震災によって，同年3月期から7月期までの観光客数は減少したが，半年後の8月期からは前年同月期を若干上回るような形で回復された。

2-2　上山型温泉クアオルト事業

上山市は，2008年度の「地方の元気再生事業」（内閣府）を足がかりに，滞在型の新たな健康保養地を目指し，「上山型温泉クアオルト事業」を市政の重要施策に位置づけ，温泉街に近い里山や蔵王高原にウォーキングコースを設定している（上山市 2013）。同事業は，健康増進，環境整備，観光振興を柱とする市域全体の活性化構想であり，観光政策の中核にもなっている。事業は，「事業の周知，住民の健康意識向上」，「産業への反映」，「市域を越えた広域化」の3段階のステージ分けられ，現在，「事業の周知，住民の健康意識向上」については着実に成果を上げている。前述した市街地散策のためのフットパスも，同事業のリーディングプロジェクトの一つである「クアオルトウォーキング3万人プロジェクト」によって整備されつつあるものの一つである。

交流人口増や自然環境保全を目的とする総合的な長期計画に観光を盛り込み（目標達成年度は2022年度），観光政策の主軸とすることは，観光に関わる多くの事業やイベントに一貫性をもたせ，統一された目標を明示するためにも重要なことであり，高く評価される。日本には観光地として発祥し，発展してきた都市は少なく，市域には観光には直接関係しない事業所や住民も多数存在するため，総合的な計画の中で観光政策を位置づけることが必要である。反面，上山観光は，市街地の温泉街だけではなく，蔵王高原の紅葉観覧やウィンタースポーツ，体育施設を利用した大会や合宿等，多岐に渡るにも関わらず，全域的な最終目標が先行し，個々の目標や関係者の想いを前面に出しにくいといった問題点も指摘される。また，健康増進に対する住民の意識高揚という第1ステージに続いて，同事業の「各産業への反映」が第2ステージとして設定され

ているものの，短期的な経済収益という目に見える形での成果を期待する事業者が，健康や環境に対する住民の意識改革から始まる長期的事業をどう捉えるかといった不安もある。

いずれにしても，広域的，長期的に観光を考えるという姿勢が，上山市の考える観光政策の特徴となっていることは明らかであり，事業者の経営姿勢との差異が同市の観光まちづくりに及ぼす影響が本章での大きな論点の一つとなる。

3. 旅館経営者の意識

3-1 宿泊業のバリュー・チェーン

気の向くままに各地を巡る漫遊とは異なり，現代の観光は明確な目的を持つ旅行であり，時間的，予算的な制限がある（足場，1988）。そのため，出発地において旅行者に提案される発地型観光は，当初の目的を効率的かつ安価に達成することを重視して提案される。一方，旅行者を受け入れる観光地が観光を産業として考え，地域活性化のためにそれを発展させていこうとすれば，旅行者を観光「客」として能動的に受け入れ，彼らの滞在時間を伸ばし，消費活動を促す着地型観光の提案が必要になる（深見・井出 2010）。

このように，本来矛盾する発地型観光と着地型観光であるが，潜在的観光客を自宅から引き出す発地型観光の提案と観光客の行動を地域の経済活動に取り込む着地型観光の提案を両立させなければ，双方の満足度を同時に高めることはできない。そのためには，観光地側が観光客の予定している滞在時間と消費額を上回るサービス（価値）を提供し続けていくことが必要であり，観光地における付加価値の創出過程が重要な着眼点となる。ここでは，ポーター（1985）のバリュー・チェーン理論に基づき，観光客受け入れの主軸となる宿泊業の経営者が考える付加価値の創出を，彼らへのインタビュー調査の結果をもとに整理する。

ポーターのバリュー・チェーンは主活動と支援活動に分けられる（図5-4）。主活動は原材料購入（Inbound Logistics），製造（Operations），出荷（Outbound Logistics），マーケティング・販売（marketing & Sales），アフター・サービ

第5章　温泉地の観光まちづくり（山田浩久）　　*111*

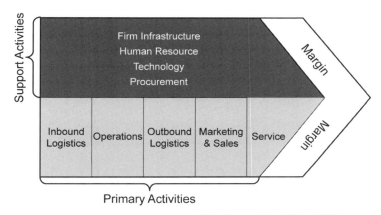

図5-4　ポーターのバリュー・チェーン（Porter，1985）

ス（Service）からなり，それぞれのパートで価値が創出されると考える。一方，支援活動は設備投資（Firm Infrastructure），人的資源管理（Human Resource Management），技術開発（Technology），設備配置（Procurement）によって構成され，主活動による価値創出の効率を高めるとされる。これを宿泊業に適応した場合，製造は宿泊商品の考案となり，出荷は顧客が現地まで商品を買いにくることになるため宿泊ということになろう。そのため，販売に関してもマーケティングを含んだ広報や営業活動になると考えられる（図5-5）。

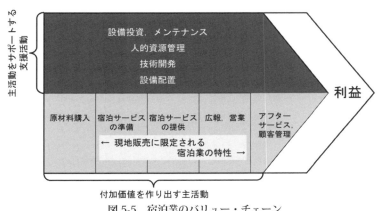

図5-5　宿泊業のバリュー・チェーン

3-2 旅館経営者に対するインタビュー調査

インタビューに応じたのは 18 の旅館であるが，うち 1 件は休業中であるため以下の記載は現在営業中の 17 の旅館に対して行った調査結果に基づく。

経営者の姿勢：世代交代が進み，若女将や新社長を中心に新しい考えに基づいた経営姿勢を打ち出そうとする意識が生まれており，それらの意識を，コンサルタントの利用や各種セミナーへの参加等によって高めようとする経営者も現れ始めている。一方で，危機意識はあるものの，従前のやり方に固執する経営者も存在し，経営者の意識が二極化している。元来，経営は個々で行うものといった考え方が浸透しているため，従来のやり方に固執する経営者が特に問題視されることはないが，葉山地区では先進的な経営者同士が館内施設の相互利用を提案するなど，個々の設備投資に頼らない新しい宿泊商品を考案し，同業者間での連携も進んでいる。ポーターの理論に対照させると，価値が段階的に創造されると考え，自らが経営する旅館の強いパートを活かし，伸ばそうとする経営者は現れてきているが，弱いパートを補強しようとする経営者はまだ出てきていないようである。

設備投資：17 人の経営者のうち 9 人が山形新幹線の開通した 1992 年（平成 4）を宿泊者数のピークであったと答えた。一方で，10 人の経営者が宿泊者の伸びは施設のリニューアルと密接に関連していると述べている。彼らによれば，バブル期の融資増を新幹線開業に合わせて設備投資にまわしたことが宿泊者増に繋がったということである。確かに，景気が良い時にこそ設備投資に力を入れておかないと，景気が悪くなった時に主活動で価値を創造できない。バブル期の宿泊者増は，観光する側の余暇費増大によるものとする指摘が多いが，旅館の設備投資が同時期に集中したことも一因であり，個々の経営努力によるところが大きいと言える。現在は，まさに融資額の伸びを期待できない状況であり，設備投資以外の支援活動によって次期の価値創造を期待しなければならない時代である。設備投資以外の支援活動の一つとして，市民による地域全体の押し上げが位置づけられるようになれば，つまりは他地域との差別化がうまく宿泊商品の考案に結びつけられるようになれば，景気変動に左右されにくい価値創造が期待できる。

観光客の月別変動：上山市観光課によれば，樹氷観覧，さくらんぼ狩り，紅

葉観覧の時期に観光客数が伸びるという増加する傾向が見られるが，この傾向と自分の経営する旅館の宿泊動向が一致すると答えた経営者は4人のみであった。もちろん，この時期に宿泊者が落ち込むと答えた経営者はいなかったが，5月の連休や8月の夏休み，さらには忘年会シーズンの12月や歓送迎会シーズンの3，4月にも宿泊者は増えるということである。

　行政側で把握しているデータは市全域での総数であり，大型旅館の動向が反映されやすい。そのため，いずれの経営者もその資料には懐疑的で関心は薄い。経営者は自らが経営する旅館の季節変動を正確に把握しており，繁忙期の集客よりも閑散期の集客に関心が高い。これは，満室状態の時期に集客しても売り上げは伸びないからである。支援活動はコンスタントに継続されることが理想であるが，主活動には繁忙期に価値を創出するパートと閑散期に価値を創出するパートがある。例えば，繁忙期においては営業活動よりも館内での宿泊サービスに力を入れた方が収益は増加するというように，それぞれの時期に合わせた各パートへの力配分が必要になる。ただし，このような宿泊業のバリュー・チェーンは必ずしも他の業種と一致するわけではない。宿泊業者の集客に対する考え方は，イベント期に多くの観光客を呼び込もうとする行政や商店街の考え方と相反しており，市の観光政策から宿泊業が孤立する一要因となっている。

　宿泊者・宿泊形態の変化：団体客が減少し，個人客の割合が上昇しているとの見解はすべての経営者が指摘した。部屋数を減らし，館内施設を充実させた旅館はいずれも団体客の減少をその理由に挙げた。インバウンド観光の高まりから，外国人の団体客増を期待できるのではないかと思われたが，積極的に受け入れたいという意向を示した経営者は1名のみであり，他はその必要性は認めながらも，施設面での問題を挙げ消極的な回答に止まった。同様に，一人旅の増加に関しても対応の必要性は感じているものの，収益性の問題から繁忙期での受け入れを嫌う傾向が見られ，常時受け入れ可とする経営者は2名であった。

　経営者の目的は収益増であり，単純に「観光客の増加＝収益の増加」とは考えていない。売上が伸びても経費がかさめば収益は伸びない。集客と同時に合理化も重要なテーマであると言える。1人の経営者が述べた「長期滞在は魅力的だが，毎日違う料理を出さなければならなくなるので，食材や手間がかかる。

収支を考えると，単泊を増やす方が良い場合もある」という意見は印象的であった。また，プログラムチャーター便の就航など山形県はインバウンド観光に積極的な姿勢を示している。全国的に見ても外国人観光客への対応は必須であろう。しかしながら，中小規模の旅館の実状を考えると早急な対応は難しく，外国人旅行者に対する一様な対応を上山市の旅館に期待することはできない。

上山市の宿泊業は主活動におけるパートのバリエーションが少なく，対応できる（利益の上がる）観光客の層がきわめて限定的だと言える。価格設定に代表される旅館の階層性には幅があるものの，各旅館の主活動におけるバリエーションの少なさが収益の伸びを抑えているとも考えられる。

異業種間連携：市街地の商業者との連携は，館内に土産店を抱えているところも多く，積極的ではない。自らが所有する遊休地に商業施設の設置を企画する経営者や地元商業者の出張販売を期待する経営者もいるが，商店街との連動を勘案したものではない。一方，地元農業者との連携は考えてないと答える経営者が多いなかで，3人の経営者は，地産地消の促進や食の安心を売りにした料理を提供しており，地元農業者と関わりをもっている。また，2名の経営者は，提供する料理には使用しづらいとしながらも，地元野菜の販売を館内で行っている。一般に，観光という枠組みから宿泊業と小売り・飲食業はリンクしやすいと思われがちで，市も疑いなく両者のリンクを想定しているが，現実にはズレがある。逆に，直接的には関係ないと思われている農業や工業との連携を考える経営者が増えてきている。

経営者の多くは個々の経営努力によって事業を成功させてきており，設備投資をはじめ，人的資源管理，技術開発等の自らが行動することで高められる支援活動に関しては，十分な経験と知識を有している。反面，原材料購入やアフター・サービス，顧客管理といった異業種や顧客との並列的な関係によって成立する主活動のパートに関しては発展途上の段階にある。主活動の両端に位置するこれらのパートを開拓することは経営者にとって急務であると考える。なお，異業種との連携をコーディネートするソーシャル・ビジネスを提案する経営者もいたが，実現には至っていない。

経営者は，自らが経営するホテル・旅館の特徴を誰よりもよく理解している。しかし，それ故に，当たり前，不可能という判断が早く，変動に対してやや硬

直的である。また，何が不足しているかを常に考えているにも関わらず，それを自分で判断してしまっており，旅行者の望むものと一致しているかどうかの検証は行われていない。もちろん，今が上山温泉の転換期であるという認識は多くの経営者が持っており，それに対応できない経営者は休業，廃業の道を辿る。行政も地域の発展を考え，話し合いの機会を設けてはいるが，旅館経営者との間で意見が完全に一致しているわけではない。それぞれに主張を言い合うことは重要なことであるが，欠けているのはそれぞれの主張の検証である。

4. 宿泊者の行動

4-1 場所のイメージと現地での体験

居住地移動に関する2段階意思決定仮説に代表されるように，人間の行動はいくつかの意思決定によって生じる（Brown and Moore 1970）。旅行に関しても，Wanabら（1976）が提示した旅行者の意思決定モデルを始めとして多くのモデルが提唱されている（大方 2007）。

経験的にも，旅行が一度の意思決定で成立するとは考えにくく，いくつかのステージに分かれた意思決定が直線的に結びつくことによって旅行という行為が生まれると考えられる。しかし，日常生活から一定時間離れ，場所を移動しながら最終的に自宅に戻ってくる旅行という行為は多種多様であり，各ステージにかかるウェイトやその順番は個々の旅行者によって異なるはずである。

その意味で，旅行者の各ステージに対する優先度に着目した前田（1995）の理論は興味深い。前田は，旅行すること，旅行の目的，同行者等，旅行先，宿泊地，旅行形態，旅行先での行為に対する7つの選択を行動成立のための条件として挙げ，何を重視するかによって旅行行動が変化すると述べている。また，情報量の増大と交通機関の整備によって，各ステージにおける選択の自由度が増してきており，場所のイメージ形成が旅行者の意思決定に大きな影響を及ぼすことを指摘した。

場所のイメージ形成が旅行者の意思決定に影響を及ぼし，彼らの旅行行動を規定するとすれば，旅行者の意思決定過程は，旅行に関わる情報に基づく場所の選考過程と考えることができる（図 5-6）。

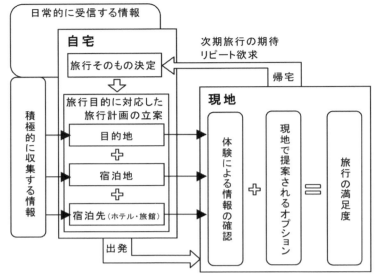

図 5-6　旅行情報と旅行行動との関係

　本人の意思で旅行を決定する旅行はもちろん，慰安旅行や業務旅行においても，旅行計画は旅行目的に対応して自宅や職場といった出発地で検討される。換言すれば，潜在的旅行者が日常的に受信する情報や，実際の旅行者になるまでの過程で収集される情報は，旅行誌，ホームページ，知人等から発信されたものであり，自宅を含めた発地で収集される。これらの情報は2つに大別される。一つは，費用や時間に関する量的な情報で，旅行の制約要因として意思決定過程全般に作用するものである。もう一つは，場所に関する質的な情報で，旅行予定者の場所に対するイメージ形成に作用するものである。

　当初，情報は広域的に収集され，意思決定の進行に伴って徐々に地域的な情報に絞られていく。旅行に関する情報を日常的に受信していた客体が，徐々に積極的に情報を収集する主体に変化していく過程とも言える。その過程において，旅行予定者の知識は増大し，場所に関する情報収集によって膨らんだイメージを現地に行って確認したいという欲求が生まれる。現地に対するこの期待感が旅行の促進要因であり，それが費用や時間といった抑制要因を上回った時点で旅行予定者は最終的な決定を行い（チケット・宿泊予約等），実際の旅行者

となる。

　旅行の意思決定過程において，目的地までの時間が目的達成にかかる時間を大きく圧迫する場合，旅行者は宿泊を検討することになる。ただし，宿泊者が旅行の目的地と宿泊地を一致させるとは限らない。副次的な目的や交通利便性によっても宿泊地は選考されるからである。また，宿泊そのものを重視し，それを旅行の目的にすえる旅行者もいるだろう。その場合，宿泊地として選定した地域に立地する宿泊先（旅館）の選定は，旅行の意思決定過程において，きわめて優先度の高いステージとなる。目的地の選定はもちろん，宿泊地，宿泊先の選定もまた，旅行目的と直結していることは明らかであるが，それらの関係は一義的に決められているものではなく，旅行目的によってそれぞれのステージにかかるウェイトは変化するものと考えられる。

　着地型観光を考える場合には，旅行者の意思決定が，さらに現地（目的地，宿泊地，宿泊先）においても行われることに着目する必要がある。現地で提案されるオプションを事前に計画された旅程に組み入れるか否かの決定である。旅行者の自由になる時間が少ない企画旅行者であれば，これらのオプションを選択する余裕はないが，自由旅行者であれば，旅行の満足度を高めるために積極的にオプションの取り込みを検討するはずである。

　旅行の満足度と場所との関係を整理すると，旅行者は事前に形成された場所のイメージを目的地で体験し（見る，食べる，遊ぶ等），それを現実のものとする。さらに，宿泊者には，宿泊地，宿泊先での体験が付加される。場所のイメージが形成されなければ，彼らが旅行を計画することはないため，彼らを旅行に導くのは，出発地で形成される場所のイメージであると言える。しかし，同じ場所ではないにしても，彼らが次の旅行を計画しようとするのは，今回の体験によって得られたような満足感をもう一度得たいという欲求からである。重要な点はそれらの欲求はすべて現地で生まれるということである。

　出発地における場所のイメージ形成と現地体験による満足感はセットで旅行者を旅行に導く要因となる。体験させる側には，イメージどおりの体験を提供することはもちろん，それを超える感激や驚きを与え，満足度をさらに高めることが求められる。その意味で，現地で提案されるオプションの存在意義は大きいし，その効果的な提示方法を考えることが旅行者の満足度アップに直結す

ると言える。

　着地型観光の視点から見ると，事前の情報発信量を制限すれば旅行者のイメージを超える感激や驚きを与えやすくするが，旅行予定者の意思決定を刺激するために必要な情報は発信し続ける必要があり，現地で提示する情報と広域的に発信する情報との使い分けが必要になってくる。

4-2　リピーター客の重要性

　リピーター客は，同じ場所で同じ満足を得ようとする旅行者である。彼らが事前に形成する場所イメージは，雑誌や口コミ等によるものではなく，自らの記憶に基づくものであるため，きわめて現実に近いものとなる。そのため，一見客よりも満足度を高めることは難しいが，当該地への再訪問自体が既に好意的な行動であり，旅行者数を継続的に確保していくためには欠かせない存在となる。ただし，リピーター客を永続的な固定客として考えることは，少々短絡的である。過去の体験による満足をもう一度得たいという欲求による再来訪とはいえ，前回の感激を提供し続けることは難しい。旅行者の「飽き」を低減するためには同じ体験を求めるリピーター客であっても，前回とは違う感激をそれに加えることが必要である。

　同時に，一見客をリピーター客として当該地に再誘引する新規リピーター客の開拓を進めなければ，リピーター客数を維持することはできない。帰宅した一見客に，体験したことによる感激や体験できなかったことによる後悔を印象づけられれば，再来訪を期待することができると考えられるが，厳密に言えば，これらは彼らが現地で得る満足度とは異なる。もちろん，イメージよりも現実が下回った一見客に再来訪は期待できないが，予想以上の満足を達成した一見客であっても，彼らにその記憶が残らない限り，再来訪はない。宿泊業のバリュー・チェーンに必要とされるアフターケアが地域の観光まちづくりにおいても要求されると言える。風土や衣食住の文化を体験させ，その続きを知りたくなるようなストーリー性のある観光プランを提示したり，当該地に訪れたことのある人を対象にした情報発信を別に行うなどの工夫が必要であると考える。

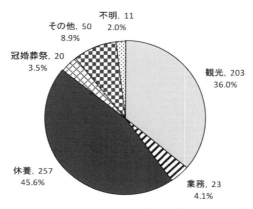

図 5-7　宿泊客の旅行目的
（上段の実数は宿泊組数）

4-3　宿泊者へのアンケート調査

　旅行行動を明らかにするためには，日帰り旅行者を含めた全ての旅行者を対象とする調査が必要であるが，日帰り旅行者と現地の日常生活者を判別することは困難であるため，本稿では上山市の旅館に宿泊した宿泊者を対象に1年間のアンケート調査行った。

　「観光」を定義する際に，しばしば引用される観光政策審議会の1970年答申よれば，観光には休養も含まれるが，今回のアンケートでは，温泉地という地域性を考え，旅行目的の選択肢として観光と休養を分けて挙げた（観光政策審議会 1970）。その結果，旅行の目的を観光とした宿泊者が全体の36.0％であったのに対し，休養と答えた宿泊者が45.6％に達した（図5-7）。両者の違いをどう捉えるかは回答者の主観によるが，休養と回答した宿泊者は積極的な行楽を主な旅行目的とはしない観光客と考えることができる。なお，業務旅行者の割合は4.1％であった。

　以下では，前項で示した旅行者の意思決定と場所の選考に関する仮説を旅行目的別に検証する。まず，旅行目的別の宿泊地の選定理由を見ると，観光を目的とする宿泊者の32.0％が目的地への近接性，22.2％が観光地としての魅力を宿泊地の選定理由として挙げ，その合計は半数を超えた（表5-1）。一方，休養目的のそれらはそれぞれ10.1％と7.0％であった。その合計は2割に満た

表 5-1　旅行目的別の宿泊地選定理由の割合（単位：%，括弧内は宿泊組数）

	目的地への近接性	自宅への近接性	知人がいた	観光地としての魅力	ホテル・旅館の魅力	その他	不明	計	
観光	32.0	5.9	5.9	22.2	26.6	5.4	2.0	100.0	(203)
業務	82.6				17.4			100.0	(23)
休養	10.1	11.3	4.7	7.0	59.1	6.6	1.2	100.0	(257)
冠婚葬祭・法事	55.0	10.0	10.0		15.0	5.0	5.0	100.0	(20)
その他	32.0	8.0	24.0	2.0	26.0	8.0		100.0	(50)
不明	36.4		9.1		36.4		18.2	100.0	(11)
計	25.0	8.3	6.9	11.3	40.8	6.2	1.4	100.0	(564)

ず，地域の差別化が宿泊者の誘引材料になっていないことが分かる。休養目的の59.1％は旅館の魅力を宿泊地の選定理由に挙げた。彼らは，泊まりたい旅館が上山市にあるというような理由で上山市を訪れていると言える。このような宿泊者が全体の40.8％を占めていることが，上山市の観光政策と旅館の経営戦略とのズレを生じさせる要因の一つになっていることは否めない。なお，業務目的や冠婚葬祭・法事等の個別目的が目的地への近接性に偏ることは当然であり，上山市という場所やその位置が旅行を規定している。

　上山温泉が宿泊者に認識されていないというわけではない。現地に着いてからの旅行の楽しみを聞くと，全体の86.0％が温泉と答えた（複数回答）。これは，宿泊者の直接的な場所の選定理由に温泉が位置づけられているわけではなく，入湯はそれぞれの旅行目的に付随する楽しみの一つとして位置づけられているためであると考えられる。彼らは湯治客ではなく，温泉の効能だけでは場所のイメージは形成されない。上山市が観光地としての知名度を上げ，地域の差別化を進めていくためには，上山温泉が場所のイメージ形成に寄与していかなければならないが，そのためには上山温泉が「上山温泉街」として情報発信される必要があり，文字どおり温泉をテーマとする観光まちづくりが必須となる。

　次に地区別の差異を見る。前述したように，実際の上山温泉街は成立・発展の経緯と地形的な要因から湯町，新湯，葉山の3地区に区分されるが，湯町での調査協力旅館が1軒であったことから湯町と新湯をまとめ，葉山との比較を行った。

　葉山は他の2地区に比べると成立の歴史が浅く，革新的な地区である。中心

表 5-2　地区別の旅行目的の割合（単位：%，括弧内は宿泊組数）

	観光	業務	休養	冠婚葬祭・法事	その他	不明	計	
湯町・新湯	41.6	4.0	34.8	4.8	12.0	2.8	100.0	(250)
葉山	31.5	4.1	54.1	2.5	6.4	1.3	100.0	(314)
計	36.0	4.1	45.6	3.5	8.9	2.0	100.0	(564)

表 5-3　地区別の宿泊地選定理由の割合（単位：%）

	目的地への近接性	自宅への近接性	知人がいた	観光地としての魅力	ホテル・旅館の魅力	その他	不明	計
湯町・新湯	35.6	8.4	6.4	12.8	28.8	6.4	1.6	100.0
葉山	16.6	8.3	7.3	10.2	50.3	6.1	1.3	100.0
計	25.0	8.3	6.9	11.3	40.8	6.2	1.4	100.0

市街地への近接性も低い。そのため，当初より宿泊者の行動パターンには差異が生じやすいことが予測できた。調査結果に現れた顕著な差異をまとめると，旅行目的については，葉山での宿泊者の54.1%が休養目的であったのに対し，湯町・新湯では観光目的と休養目的の比率が逆転し，観光を目的とする宿泊者が41.6%となり最多を示した（表5-2）。また，宿泊地の選定理由は，葉山では50.3%が旅館の魅力と答えたのに対し，湯町・新湯では目的地への近接性が35.6%で最多となり，観光地の魅力も葉山を上回った（表5-3）。

訪問した観光地の数と土産の種類については，葉山の1回答者当たりの訪問地数では1.45カ所であったのに対し，湯町・新潟では同値が1.59カ所となり，中心市街地への近接性が館外行動に対する積極性と関係していることが分かったが，1回答者当たりの土産種類に関しては，葉山（1.24種）が湯町・新湯（1.11種）を上回った。これは，葉山地区に立地する旅館の館内土産販売施設の充実によるところが大きいと考えられる。

まちづくりは基本的に街全体で取り組むことが前提となるが，上山温泉街はこのように地区別の差異が明瞭であり，それに応じて宿泊者の行動パターンも異なるようである。そのため，同市での観光まちづくりはそれぞれの地域性を活かした比較的独立性の高いまちづくり案を地区ごとに提案した方が効果的である。

12～2月を冬期，3～5月を春期，6～8月を夏期，9～11月を秋期として，季節ごとの構成比を見ると，冬期には休養を目的とする宿泊が多くなるのに対

表 5-4　季節別の旅行目的の割合（単位：％，括弧内は宿泊組数）

	観光	業務	休養	冠婚葬祭・法事	その他	不明	計	
冬期	15.6	4.2	64.6	2.1	10.4	3.1	100.0	(96)
春期	39.2	2.7	44.1	3.2	9.7	1.1	100.0	(186)
夏期	45.2	4.8	38.9	2.4	7.1	1.6	100.0	(126)
秋期	37.2	5.1	41.0	5.8	8.3	2.6	100.0	(156)
計	36.0	4.1	45.6	3.5	8.9	2.0	100.0	(564)

表 5-5　季節別の旅行の楽しみの割合（単位：％，複数回答）

	温泉	歴史散策	自然散策	イベント	買物	果樹狩り	スポーツ	飲食	その他	不明	計
冬期	90.6	3.1	1.0		1.0		1.0	25.0	2.1	4.2	128.1
春期	87.1	7.0	11.3		2.2	0.5	3.2	19.4	5.9	2.2	138.7
夏期	81.0	7.9	8.7	3.2	6.3	5.6	1.6	26.2	6.3	4.8	151.6
秋期	85.9	7.1	12.8	1.3	7.1	3.2		19.9	3.2	2.6	142.9
計	86.0	6.6	9.4	1.1	4.3	2.3	1.6	22.0	4.6	3.2	141.0

して（休養 64.6％，観光 15.6％），夏期には観光目的による宿泊がそれを上回った（休養 38.9％，観光 45.2％）（表 5-4）。他の目的に季節ごとの差異は観察されないが，館外行動に対する消極性は冬期の降雪に関連があることを類推させる。また，旅行の楽しみを温泉と答えた宿泊者は，冬期（90.6％）と夏期（81.0％）となり，およそ 10 ポイントの差が現れた（表 5-5，複数回答）。飲食関連の楽しみはともに 2 割を超えているが，夏期では購買や果樹狩りといった消費関連の楽しみが増していることが特徴である。一方，春期及び秋期は歴史散策や自然散策といったアウトドア関連の楽しみが挙げられている。夏期と秋期は類似点が多いが，冬期は館内休息型，夏期は館外消費型，春期及び秋期は館外アウトドア型の観光が多くなると大別できる。

　館内施設を充実させ，旅館の差別化を進めている旅館経営者の中には，宿泊者の季節変動を抑える必要性を訴える経営者も存在し，その理由も理にかなったものであったが，旅行者の意思決定に大きく関わる旅行目的と四季は密接な関連があり，四季の変化は上山観光のバリエーションを広げる重要な要因となっている。

　最後に，一見客とリピーター客の行動をまとめたい。全体では 54.6％の宿泊者がリピーター客であったのに対し，観光を目的とする宿泊者の 62.6％が初めての来訪と答えた（表 5-6）。逆に，休養を目的とする宿泊者の 66.5％がリピーター客であった。冠婚葬祭・法事を含めた個別目的を見ても，インドア

表 5-6　旅行目的別の一見客とリピーター客の割合

		宿泊組数（組）				比率（％）			
		一見客	リピーター客	不明	計	一見客	リピーター客	不明	計
観光		127	73	3	203	62.6	36.0	1.5	100.0
業務		12	11		23	52.2	47.8		100.0
休養		81	171	5	257	31.5	66.5	1.9	100.0
個別目的	冠婚葬祭	6	14		20	30.0	70.0		100.0
	スキー・スノボ	2	3		5	40.0	60.0		100.0
	ハイキング・マラソン	2	1		3	66.7	33.3		100.0
	スポーツ応援	2	1		3	66.7	33.3		100.0
	記念日	4	2		6	66.7	33.3		100.0
	親睦	2	2		4	50.0	50.0		100.0
	研修		1		1		100.0		100.0
	新年会		1		1		100.0		100.0
	同窓会		6		6		100.0		100.0
	農業体験		2		2		100.0		100.0
	忘年会		2		2		100.0		100.0
その他		4	13		17	23.5	76.5		100.0
不明		6	5		11	54.5	45.5		100.0
総計		248	308	8	564	44.0	54.6	1.4	100.0

型の目的ほどリピーター客の比率が高まる傾向があることが分かる。また，一見客の予約方法はインターネットによるものに偏っていたのに対し（56.9％），リピーター客の予約方法は分散している中で，電話での直接予約が相対的に高いことが特徴である（表 5-7）。

　一見客とリピーター客との違いは館外行動に対する積極性にも現れる。両者と訪問観光地数との関係を見ると，全体では23.8％の宿泊者が観光地を1カ

表 5-7　一見客とリピーター客別の予約手段の割合（単位：％，括弧内は宿泊組数）

	電話	インターネット	旅行会社	観光案内所	職場	飛び込み	友人	その他	不明	計
一見客	16.1	56.9	17.3	4.0	0.4	0.8	1.6	2.4	0.4	100.0 (248)
リピーター客	37.7	33.4	14.6	3.2	1.6		2.9	5.5	1.0	100.0 (308)
不明	12.5	25.0						12.5	50.0	100.0 (8)
計	27.8	43.6	15.6	3.5	1.1	0.4	2.3	4.3	1.4	100.0 (564)

表 5-8　一見客とリピーター客別の訪問した観光地数の割合（単位：％）

	訪問地無し	1カ所	2カ所	3カ所	4カ所以上	不明	計
一見客	15.7	36.3	23.8	12.9	10.5	0.8	100.0
リピーター客	30.8	37.7	14.0	7.8	7.8	1.9	100.0
不明		50.0		12.5	37.5		100.0
計	23.8	37.2	18.1	10.1	9.4	1.4	100.0

表 5-9 世代別の一見客とリピーター客の割合（単位：％，括弧内は宿泊組数）

	一見客	リピーター客	不明	総計	
10歳代	62.7	37.3		100.0	(67)
20歳代	50.0	46.6	3.4	100.0	(88)
30歳代	57.5	42.5		100.0	(80)
40歳代	35.5	62.9	1.6	100.0	(124)
50歳代	39.1	60.0	0.9	100.0	(115)
60歳代以上	28.4	71.6		100.0	(67)
不明	34.8	56.5	8.7	100.0	(23)
計	44.0	54.6	1.4	100.0	(564)

所も訪れないのに対し，一見客は同値が15.7％にまで低下し，リピーター客に比べ多くの観光地を訪れている（表5-8）。1回答者当たりの訪問観光地数は全体で1.51カ所であり，一見客1.77カ所。リピーター客1.27カ所であった。

世代別に一見客とリピーター客の割合を見ると，40〜60歳代ではリピーター客がそれぞれ6割を超えるのに対し，10〜30歳代はいずれの階層においても一見客がリピーター客を上回る（表5-9）。宿泊者の年齢層は40歳代（22.0％），50歳代（20.4％）に集中しており，全体の42.4％に達する。しかし，60歳代以上の比率は11.9％にまで低下する。宿泊者の半数以上がリピーター客であることを考えると，現時点における若年層を将来のリピーター客として取り込んでおくことが観光客数の維持に繋がると考えられる。

4-4 旅行形態とリピートとの関係

一般に，旅行形態とは，旅行者個人が旅行計画を練り自分で宿泊予約を行う自由旅行に,旅行業法によって定められる募集型企画旅行(パッケージツアー)，受注型企画旅行（団体旅行），手配旅行を加えた4形態を指す。このような分類は，旅行業者が出発地の潜在的旅行者に対して提案する発地型観光を分類する際に使用されるものであり，着地型観光の分類には向いていない。個々のニーズに対応しようとする着地型観光を考えるためは，旅行目的の把握が最優先されなければならないからである。

しかしながら，旅行形態の選択は，潜在的旅行者が旅行の意思決定過程において，実際に行動を起こす最初のステージであり，以後のステージにおける情報収集に大きな差異を生じさせる。収集した情報を現地で確認することで旅行者が満足し，リピートの発生に繋がると考えれば，出発地における情報収集の

差異は着地型観光を目指す観光まちづくりにおいても重要である。そのため，ここでは自由旅行と企画旅行に業務旅行を加えた旅行形態を想定し，各形態における情報収集とリピーターとの関係について考察する。なお，インターネット予約の普及で近年境界が曖昧になってきた手配旅行については，自由旅行に含める。

　自由旅行の宿泊者は，旅行そのものの決定から出発までのすべてのステージで，自らの判断に従って意思決定を行う。そのため，旅行行動の自由度は高くなるが，意思決定のために必要な情報収集はすべて自分で行わなければならず，相応の時間と労力を要する。彼らは，最終的には体験しないイベントの情報も収集するため，事前の情報蓄積量が多く，現地で提供されるオプションも含め訪問地数も多くなる。その結果，彼らの旅行に対する評価は具体的かつ厳しいものとなるが，その分，満足した場合はリピーター客となる可能性が高い。

　上山市の場合は，温泉街ということもあり，休養を目的とする宿泊客が多く，自由旅行であっても宿泊先から動かない。彼らの情報収集は宿泊先に絞られ，地域的な情報の蓄積量は少なくなるため，旅行全体に対する評価も限定的となる。休養目的の宿泊客の確保は各旅館に任され，宿泊した旅館のサービスに満足した客がリピーター客になる。旅館にとっては，旅行者をコントロールできるため，営業・サービス戦略を立てやすい顧客層と言うこともできる。上山市の旅館は一定数のリピーター客を確保しているが，高齢者が多いこともあり，現在の顧客層に頼りすぎるのは長期的に見て危険である。また，彼らの大半は館内で旅行の目的（休養）を達成しようとしており，基本的に商店街とのリンクや着地型観光による誘導には適さない。旅行者の健康指向（自然散策）や食欲（飲食）に訴えることができれば，旅行者を館外に誘導することは可能であろうが，それは各旅館が開発してきた館内施設誘導型の宿泊商品と相反する提案になる危険性もあり，慎重な対応が必要である。

　企画旅行の宿泊者のうち，募集型商品（パッケージツアー）を選択した旅行者は，旅行そのものの決定と目的地の決定はするものの，それ以外は旅行業者の企画した発地型観光の旅程に従うことになる。そのため，彼らは，意志決定過程の進行に伴って，狭域化，詳細化していく情報収集を行わないまま現地に到着する。彼らを誘引するのは発地型観光による地域の差別化であり，観光地

としてのイメージ戦略が効果的に作用すると考えられる。旅行者がリピーター客になるのは，地域や旅館に対してではなく，旅行業者の企画に対してであるとも言える。

　旅行業者が旅行者の希望を受け，旅程を決めていく受注型商品は，慰安や研修等の団体旅行で選択されてきたが，近年では，募集型商品を１団体で買い取り，若干の修整を加えてそれに当てることが多くなってきた。いずれにしても，団体で行動することを前提としているため，旅行者の自由度はきわめて低く，旅行の決定から自由にならない場合もありうる。観光や休養といった旅行のそのものが持つ魅力というよりは，懇親あるいは慰安といった人間関係の緩和に旅行の目的が設定されることが多く，地域，旅館ともに，ここに取り上げた形態の中では最もリピーター客を期待できない旅行形態である。

　業務旅行は，通常は自由旅行，商品の内容によっては企画旅行に分類されるが，意思決定という観点から見れば，業務という明らかに観光とは異なる目的から生じる旅行であるため，旅行の決定や目的地の選定に関する自由度はなく，きわめて特異な旅行であると言える。

　彼らの事前の情報収集は業務に関するものであり，多くは観光に関する情報をほとんど持たないまま現地に到着する。しかし，アンケート結果によれば，観光施設を１カ所訪れたり，土産品を１点購入するという宿泊客が存在する。これは「出張」という旅行が有する独特な性格によるものであり，土産話や職場への配慮を考えた行動であると考えられ，業務旅行者であっても即席の観光旅行者となりうることを示している。同時に，目的地と宿泊地が一致しない行動パターンも連想しやすく，宿泊地，宿泊先の選択に関してはある程度の自由度が認められるため，観光を提案する余地は残されている。

　一般に，「出張」は繰り返されることや，平日の宿泊となりやすいことを考えると，業務旅行者は貴重なリピーター客であると言えるだろう。また，彼らは観光に関して多くの情報を用意していない分だけ，訪れる観光施設や購入する土産品は有名なものに限定されるため，彼らの口コミは地域の差別化に有効に作用すると考えられる。

5. 中心市街地における観光まちづくりへの提言

　旅行者の多様なニーズに対応していくためには，地域の差別化と旅館の差別化によって同地が他所と違う魅力がある場所であることを発信していく必要がある。旅館が日帰り客のために施設を解放している今日においては，二つの差別化は日帰り客を含めた来訪者全般に対する誘引材料になるはずである（図5-8）。

　旅館の差別化は，地域内に流入する来訪者を地域内で「取り合う」だけだとする見方もできるが，今回の調査結果を見る限り，特定の旅館を強く指向する宿泊者は，宿泊地の選択を飛ばし，直接旅館に予約を入れる傾向にあり，各旅館のPRは結果的に宿泊総数の維持に繋がっていると考えられる。旅館経営者にも近隣旅館と競合する意図はなく，付帯施設の相互利用による相乗効果を期待する声も聞かれた。もちろん，類似する商品が並ぶことは差別化とは言えないため，隣接する旅館同士が連携してそれぞれに工夫する必要はあるが，上山市においては，このような連携の進展が今後見込まれる状況にある。

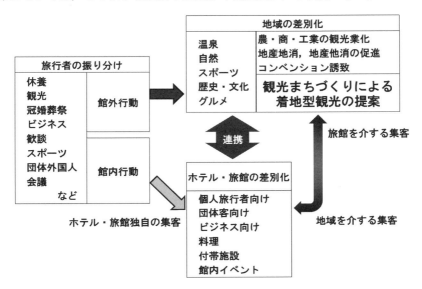

図 5-8　地域と旅館の連携のあり方

また，歴史的・地理的な要因によって3つの地区に分けられた旅館群には多様性があり，それぞれの地区の特徴が宿泊者の固有な行動パターンを生み出している。湯町・新湯に壮高年齢層の一見客が集中している点などはその一例である。対応できる宿泊者層は限定的であるものの，宿泊サービスや価格設定に見られる旅館の階層性が，旅館間での競合を軽減させていることが上山市における宿泊業の大きな強みと言える。

　一方，地域の差別化は，現在，行政が主体となって行われている。しかし，地域の魅力を高めていくためには上山市内の温泉，自然環境，スポーツ，歴史・文化，地元グルメ等を広く外側に発信していかなければならず，市民全体での協働が必要である。また，観光に限定されることなく，農，商，工業もそれに対応していくことが必要である。特に農業については地産地消の意識を農業者と住民の双方が持ち，上山米や上山野菜をブランド化していくことが上山産品を地域外で販売する地産他消を促進させ，地域の差別化に結びつく。

　観光まちづくりは，地域の差別化を促進させる市民協働の着地型観光の提案といえる。しかしながら，それは単に地域資源を掘り起こし，それらを羅列するだけではない。まちづくりと言えば地域資源の掘り起こしに終始する傾向にあるが，冒頭に記したように，観光まちづくりは産業とも密接に関係してくることから，その企画・実施のためには明確な戦略が必要である。

　上山市のように，中心市街地やそれに隣接する地区に旅館が立地している場合，中心市街地の観光まちづくりによって，市街地に宿泊者を誘引すると，付帯施設の整備・充実によって旅館の差別化を進めてきた旅館の経営方針との間に摩擦が生じることは必至である。ただし，旅館にとっても，付帯施設への資本投下には限界があり，バリュー・チェーンにおける支援活動の肥大化は最終利益を圧迫することになるため，地域の差別化による集客は今後ますます必要になる。観光まちづくりの進行に必要な明確な戦略とは，旅館の差別化と地域の差別化の融合であると言える。

　目的がある個々の旅行者の行動パターンを大きく変えることは難しい。例えば，休養目的の旅行者に無理矢理観光させるというにようなことはできないからである。観光まちづくりが可能にするのは，旅行者があらかじめ決めている目的（地）の合間を埋めるオプショナル・ツアーを提案することによって，旅

行者に記憶に残るような感激や驚きを与えて，リピーター客や好意的な口コミを増やすことである。

　地域資源の分かりやすい関連づけが必要になる。観光まちづくりはきめ細やかな着地型観光の提案であり，差別化された旅館も地域資源の一つと考えれば，休養目的の旅行者を館外に引き出すことよりも目的達成前後（チェックイン前，チェックアウト後）の時間の過ごし方を提案するべきである。大学生を実際に上山温泉に一泊二日で宿泊させたところ，かみのやま温泉駅を起点にしたチェックイン前とチェックアウト後の上山市滞在時間は，合わせて10時間を超えた（山田，2014）。若年層の彼らと壮年層の旅行者の活動量が異なることを考慮しても，旅行者の滞在時間を延長させて消費行動を促すうえで，中心市街地における観光まちづくりの果たす役割は大きい。

　現地でのオプショナル・ツアーの提案に欠かせないのは，地域資源情報，位置，説明に対するアクセスの充実である。旅行前に確認できる有名史跡や大型施設とは異なり，現地でしか確認できないものを住民が主体になって発信していく観光まちづくりは，情報が不統一かつ未分類になりやすいため，うまく旅行者に伝わりにくく，方法を考えないと効果を上げにくい。WiFiポイントの設置といったハード面の整備はもとより，同じ情報であっても，スマートフォンを携帯し，SNSや電子地図を使いこなす若年層と対面での情報交換を好む高年齢層で情報の提供の仕方を変えるというのも一案である。

参考文献
足場洋保 1988．観光資源，小池洋一・足場洋保編著『観光学概論』108-137．
足場洋保 1988．観光学を学ぶために，小池洋一・足場洋保編著『観光学概論』，1-14．
大方優子 2006．旅行先選択行動に関する考察，東海大学福岡短期大学紀要　6号　24-38．
観光政策審議会 1970．国民生活における観光の本質とその将来像（答申第9号），国土交通省．
総務省 2010．『平成22年国勢調査報告』．
田林　明 2013．日本における農村空間の商品化，地理学評論，86－1，1-13．

深見　聡・井出　明 2010. 観光の本質をさぐる　―歴史観光論と復興観光論の立場から―，深見　聡・井出　明遍『観光とまちづくり　―地域を活かす新しい視点―』, 1-23.

前田　勇 1995.『観光とサービスの心理学　－観光行動学序説』, 学文社.

山田浩久 2014『観光資源の有効活用と中心市街地の再生』, 山形大学人文学部叢書 4.

Cloke, P. 1992. The countryside: Development, conservation and an incresing marketable commodity. In *Policy and Change in Thatcher's Britain,* ed. P. Cloke, 269-295. London: Pergamon.

Brown, L.A. and Moore, E.G. 1970. The Intra-Urban Migration Process: A Perspective, *Geografiska Annaler*, 52B, 368?381.

Porter, Michael E. 1985. *Competitive Advantage*. The Free Press. New York.

Wahab, S., Crampon, L.J. and Rothfield, L.M. 1976. *Tourism Marketing*, Tourism international Press, London.

コラム3
中心市街地活性化の兆し

山下宗利

1. わが国の中心市街地の活性化

　わが国の中心市街地活性化事業は，1998年に中心市街地活性化法をはじめとする「まちづくり三法」が施行され，これらが後ろ盾になって中心市街地の空洞化に歯止めをかけるねらいがあった。しかしながら消費者の車を利用したライフスタイル・購買行動の変化や小売店舗の後継者難，郊外型大型店の新規展開の流れには逆らえず，中心市街地の衰退傾向はその後も依然として続いた。2006年にはまちづくり三法が改正され，従来型の拡大成長路線から都市機能の集約を目指したコンパクトなまちづくりへと大きな転換がなされた。このうち改正都市計画法では大規模集客施設の郊外への新規出店が大きく制限されるまでになった。それでも地方の中小都市ではバイパス路線沿いへの店舗の移転展開が継続し，状況はきわめて深刻で中心市街地の諸機能の低下が顕在化してきた。

　さまざまな規制にもかかわらず，2012年度の経済産業省による基本計画認定110市（回答93市）へのアンケート調査結果によれば，中心市街地においては空き店舗と未利用地がともに増えている認定市の割合は44.1%にものぼり，両者がともに増えていないものはわずか10.8%にすぎない。街の活性化目標に未達の都市が多く，何らかの疲弊が継続的に生じていることがわかる。わが国の人口減少・少子高齢化の大きなうねりの中で，とりわけ地方都市においては規制による中心市街地の衰退の流れをくい止めることはきわめて困難であることを示している。

　活性化事業は当初は主に商業機能の再生に向けられた。再開発事業によって

大きな床面積の建物を作り，その内部に店舗を配置する形態が主流であった。その後，中心市街地の再生≠商業地の活性化の視点から，軸足は，まちなか居住の推進やシンボルとしての中心市街地の機能性，文化芸術活動，安全安心，子育て，といった中心市街地が本来もつ多様性にも注目が置かれるようになり，現在では各地でまちづくり会社やNPO法人を中心に，地域住民や多様な主体を巻き込んだ新たな試みがなされ始めている。

このような全体的な状況を背景に，コンパクトシティ政策が前面に押し出されてきた。青森市や富山市での取り組みが発端となったが，その意義は認めつつも実際の政策とは必ずしも結びついていないのが現状で，コンサートホールに代表される大きな「ハコモノ」によって再生を図ろうとする体質も残っている。単なる都市形態の縮小ではなく，持続可能な集約型の都市をめざそうという大きな流れがあることも見逃せない。形態がコンパクトになることにより，人と人との接触機会が増え，高密度の多様性に満ちた空間が都市に出来上がり，結果的に活力が生まれるとされる。しかしここにも課題があり，どのような仕組みでスマートに収縮してコンパクトシティを実現するかが問われている。

全国各地で中心市街地の活性化を目的として中心市街地活性化基本計画が作成され，認定されてきた。この制度は，中心市街地活性化の推進に関する法律（平成10年6月30日法律第92号）に基づいて内閣総理大臣が当該計画を認定し，中心市街地における都市機能の増進及び経済活力の向上を総合的かつ一体的に推進するためのものである。2007年の富山市と青森市の認定に始まり，2015年11月現在で基本計画数は128市の180を数える。

これら180計画で示された中心市街地活性化事業計画では，「市街地の整備改善」「都市福利施設の整備」「まちなか居住の推進」「商業等の活性化」「公共交通機関の利便性の増進等」の事業が盛り込まれ，多くはコンパクトなまちづくりが謳われている。これらの事業を遂行する区域が中心市街地活性化区域である。その規模は計画によって大小があり，最大は金沢市の860haから最小は富良野市の30haまでさまざまである（内閣府地方創生推進室 https://www.kantei.go.jp/jp/singi/tiiki/chukatu/nintei.html）。近年では活性化基本計画の第1期の反省を踏まえて第2期版が認定された計画も31含まれている。なお，後述の佐賀市の中心市街地活性化事業では，この制度を活用せずに他の制度を

用いて取り組みを行っている。佐賀市では，再開発事業の目玉とされた「エスプラッツ」を運営するまちづくり会社が初期段階において倒産したため，制度の要件となる新たなまちづくり会社・中心市街地整備推進機構の設立まで至らなかったためである。

多くの自治体では精力的に中心市街地の活性化に取り組んでいるが，商業機能の低下，まちなか居住者の減少と高齢化の進行，インフラの維持更新費の増大，商店街の賑わいの低下・疲弊，空き家・空き地や低未利用地の増加，コインパーキングの増加，コミュニティの弱体化，といった現象がなおも共通して認められ，これまでなされてきた前例の模倣では立ち行かない状況が生じている。独自の知恵をいかに出すかがその都市の再生に大きく影響し，持続可能性の実現を左右していると言えるのではないだろうか。

2. 佐賀市中心市街地の土地利用現況

佐賀市が2009年に再設定した中心市街地活性化基本計画では，中心市街地活性化の対象を，商業機能の再生に重点を絞ったものから，商業機能，居住機能，業務機能の三つの再生を併せ持ったものへと変更がなされ，中心市街地活性化区域は88haから174haへと拡大された。しかしながら佐賀市の活性化は，この区域全体ではなく，きわめて小さな地区に限定的になされており，全国の注目を集めている。ここではその呉服元町の現況について検討してみたい。

呉服元町は長崎街道沿いに発達した佐賀市中心商店街の一つである。近隣にある再開発ビルのエスプラッツが頓挫し，呉服元町もシャッター通りと化した。その結果，かつての商業施設の中には夜型の飲食店へと変化してきたものもある。呉服元町とその周辺では空き地の拡大を確実に観察することができ，小規模なコインパーキングの増加やマンション建設もみられた。

図1は，佐賀市呉服元町の土地利用を示したものである。疲弊が進行したこの地区においても都市的な多様な土地利用現況を読み取ることができる。コインパーキングが広い面積を占め，また空き店舗や空き家が広がる中で，かろうじて婦人服店や和菓子店，履物店，茶・茶道具販売店，仏具店，食肉店，鮮魚店などの店舗が残っている。餃子店をはじめとする地元で評判の飲食店もみ

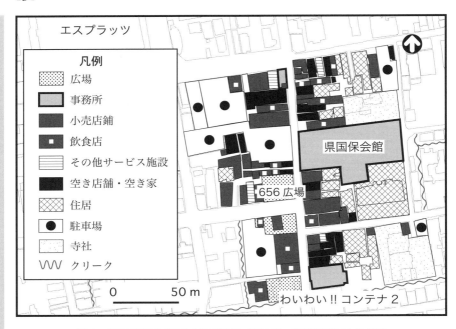

図1　佐賀市呉服元町の土地利用図（2015）　現地調査により作成

られる。なお，空き店舗のすべてが空き家になったわけではなく，シャッターを降ろした一部の家屋には高齢者が店舗経営を退いた後も居住空間として利用している。近年では，児童書販売店，佐賀市の中山間地域の農産物を販売する店舗，サッカーJリーグサガン鳥栖のスポーツバー，ラーメン店，Tシャツ印刷加工販売店，ソフトウェア工房も新たに立地している。県国保会館が大型店跡地に新規移転立地しているが，これは中心市街地への都市機能の再集積政策によるものである。

　上記のような小規模な民間の店舗・サービス施設の新規立地により，呉服元町はしだいに賑わいを取り戻しつつある。この状況を生み出したのは，土地利用図の南端の「わいわい!!コンテナ2」の役割がきわめて大きい。わいわい!!コンテナ2は，佐賀市出身の建築家・デザイナーの西村　浩氏（株式会社ワークヴィジョンズ代表）による企画である。わいわい!!コンテナ2は，2011年度に実施された1年間の佐賀市街なか再生社会実験「わいわい!!コンテナプ

写真1　わいわい!!コンテナ2　(2015年10月撮影)

ロジェクト」後も地域住民からの強い要請があり，場所を呉服元町に移して実施されているものである（敷地面積337m^2，建築面積88.8m^2）。わいわい!!コンテナ2の従前の土地利用は，呉服店の跡地の空き地で，佐賀市がそれを借地し，芝生を張って「原っぱ」を作り，またリースした四つの海上コンテナを配置したものである（写真1）。それらは機能別に，読書コンテナ（40フィートのメインコンテナで，約200冊の雑誌を配架し，テーブル4席とベンチ8席で自由にくつろぐことができる），交流コンテナ（20フィート，市民による各種の企画が催される），チャレンジコンテナ（20フィート，アクセサリーやハンドマッサージといった販売サービス目的としている），トイレコンテナ（乳児ベッドを備えたトイレと倉庫）の四つから構成されている。これらコンテナが芝生の中庭（165m^2）を囲むように配置されている。基本的にこの施設は年末年始を除いて10:00から18:00まで無料で開放され，平日は2名，休日は3名の管理者がNPO法人まちづくり機構ユマニテさがから派遣されている。冷暖房と自由に使えるWi-Fi環境も備わっている。駐輪場はあるが，駐車スペースはなく，近隣の民間のコーンパーキングを利用することになる。

　2015年11月のわいわい!!コンテナ2で行われた主な企画は次のようなものであり，コンテナの予約を取りづらい状況が続いている。おもちゃ病院（1日），和雑貨小物販売（1〜6日），心のうたを歌おう（毎週火曜日），園芸サー

写真2　クリスマスワークショップ
（オーナメントとカード作り）

クル（4日），new 親子 de 音楽遊び（4日と10日），大人のための英会話教室（毎週水・木曜日），エコクラフトサークル（毎週木曜日），自家培養発酵種のパン販売（毎週木曜日），芝生で遊ぼう!!（毎週金曜日），童謡をうたおう（毎週金曜日），愛犬との暮らし教室（7日），アクセサリーと雑貨の販売（7日と8日），アロマハンドマッサージ（9～15日），スイーツ・ランチサークル（11日），ビューティースタイル UP マチュアエクササイズ（11日と25日），クリスマスワークショップ（14日と29日）（写真2），コンテナアート（15日），手放せないお洋服のリメイク＆アレンジ（17日），英語であそぼう（15日），消しゴムはんこ教室（16日），ハンドマッサージ（16日と17日），アクセサリー販売（18～20日），ヒーリングマッサージ（21日と22日），4コマ漫画コンテスト入賞作品の展示（23?30日），パーソナルカラーレッスン体験会（28日），街なかマルシェ（28日），やさしいパン作り（28日），中高生メンバー3人による演劇発表会（29日）。このように週末のみならず平日にも種々の企画が住民主体で行われ，2015年10月の利用者数は約6,000人にのぼり，高齢者とともに小学生から高校生も姿をみせている。

　ユマニテさがでは，わいわい!!コンテナ2の管理運営以外に，さまざまな取り組みをここ呉服元町において行っている。シャッターを開けて賑わいを取り戻そうとする「OpenShutterProject ひなのみせ」もその一つである。2015年10月31日から11月29日の期間中，4つの空き店舗を借りてこのプロジェクトを実行した。佐賀県大町町の特産品や「たろめん」の販売，古着販売，雑貨販売，ドライフラワー販売などが行われた。わいわい!!コンテナ2を中心とした呉服元町での集中的な取り組みの効果を周辺の中心市街地へも波及させ

写真3　わいわい!!コンテナ2の原っぱで遊ぶ子どもたち（2015年5月筆者撮影）

ていこうとする試みであり，これまでのハコモノありきの活性化とは趣旨は大きく異なる。発想の転換による中心市街地活性化の可能性が示されているといえるのではないだろうか。

　佐賀市中心市街地はエスプラッツの頓挫によって大きな失敗を経験した。しかしここにきて一部ではあるが明るい兆しを垣間見ることができるようになった。それは呉服元町というきわめて限定された地区であるが，前例にとらわれない発想からの提案である。そしてもう一つは，遠のいていた子どもたちが中心市街地へ足を運びだしたことである（写真3）。

　佐賀市中心市街地には夜型の飲食店街が発達した地区があり，そこには子どもたちが楽しめる施設もなく，もはや親子が連れ沿って買い物をする場所ではなくなり，中心市街地は近寄りがたい存在となってしまった。しかしながら，わいわい!!コンテナプロジェクトの実施やエスプラッツ内の乳幼児向け施設（保育園や子育て支援センター）の入居により，子育て中の親子連れや小・中学生が気楽に訪れる光景が生まれてきた。下校後にくつろぐ子どもたちの姿がわいわい!!コンテナ2に現れてきた。これらの経験は，子どもたちに中心市街地への愛着を抱かせるものになると考える。成長後も中心市街地への関心を持ち続けてくれると考える。経験と地域への愛着が中心市街地の持続性に欠かせないのではないだろうか。地域への愛着なしに活性化はありえないと考える。

第6章
まちなか居住の課題と取り組み

山下博樹

　20世紀末からスタートしたわが国の中心市街地活性化の取り組みも間もなく20年を迎えようとしている。20年前はバブル経済崩壊後の長引く不況で，地域経済の疲弊が厳しい時期でもあり，また大規模小売店舗法の規制緩和・廃止を受け大手流通チェーンによる郊外型大規模ショッピングセンターが急増し始めた頃でもあった。そうした時期に中心市街地活性化法が制定され，地方都市を中心に各地では手探り状態で商店街の活性化などの取り組みが行われた。当時より，中心市街地の人口減少や居住者の高齢化の進展は顕在化していたが，空き家や空き地などの低未利用地は少なく，まだ問題の深刻さは住民にも行政にも認識されていなかった。そのため2006年の改正前の旧中心市街地活性化法時代には，郊外大型店に対抗するための商店街の活性化や中心市街地の魅力向上にむけた取り組みが盛んに行われた。その間も商業施設をはじめとしたさまざまな店舗・施設の郊外進出はとどまることはなく，他方中心市街地商店街のシャッター通り化や低未利用地の増加，中山間地レベルの高齢化の進展により，コミュニティ活動の停滞と学校などインフラの維持困難が顕在化し，中心市街地とは名ばかりの状態に陥った都市も少なくない。

　中心市街地のこうした衰退は，郊外からの来街者減少などの都市の中心としての機能低下だけでなく，そこに暮らす住民の日常生活レベルでも利便性低下を招いた。さらに中心市街地の相対的な高地価や，城下町起源の都市で多くみられるうなぎの寝床状の細長く再開発に不適な土地区画形状，身近に商店街がありながら欲しいものが手に入らない買い物環境など，住宅取得を検討する住民の多くにとっては，居住地としてあまり魅力の感じられない生活環境である

ため，例え中心市街地の住居を親から相続しても，自ら住もうとしないため空き家の発生が後を絶たない。本来は多様な公共的施設が多く立地し，生活利便性の高い中心市街地で居住人口が減少することは，そうした施設利用のために必要以上の移動の負担が生じたり，郊外立地の店舗・施設の利用にもマイカー利用が必要となる機会が増えたりするなど，持続可能ではないライフスタイルが助長されることに他ならない。また中心市街地活性化の観点からも，商店街の維持や学校の存続など，疲弊した中心市街地の維持・再生には一定の居住人口の確保は不可欠であり，人口減少・高齢化の進展する現在のわが国で求められているコンパクトなまちづくりのためにも，中心市街地の果たす役割は思いのほか大きいのである。

そこで本章では，こうした地方都市の中心市街地での居住を「まちなか居住」と呼び，①生活利便性などの居住環境の低下がとりわけ深刻化している中小規模の地方都市を念頭に，そのまちなか居住の課題をその郊外や，大都市で進む都心回帰の動向などと比較しながら検討すること，また②居住地としての魅力の低下したまちなかでの居住を，推進するための支援策を採用する自治体もある。そうしたまちなか居住推進支援策の特徴と課題についても明らかにすること，③さらに地方都市がまちなか居住を推進する上での今後の課題や展望を示すこと，などを目的としている。

①地方中小都市でまちなか居住が進まない理由は，郊外化や中心市街地の生活環境の悪化など都市内部の要因だけでなく，進学や就職を契機に大都市など他地域に流出し戻ってこない若年世代の割合が大きく，そうした住宅取得が期待できる年代の層が薄いことも背景にあり，このことはさまざまな面での大都市との格差の影響が強い。さらに製造業などに従業する人口の割合が相対的に大きく，反面で中心市街地を就業の場とする都心立地型のオフィスなどが少なく，市役所などの公務や商店街の店舗，飲食店などが中心で，必ずしも就業地としての機能が高くない状況もある。

②まちなか居住推進のための自治体による支援策は，金沢市や松江市など充実した支援メニューを用意し，効果を挙げている自治体もある一方，独自の財源を用意することが難しい自治体は国の社会資本総合整備総合交付金などの補助金を活用して時限的に実施している自治体も多くみられた。まちなか居

住の魅力が大きい都市では持ち家取得への支援が利用される事例も多いが，むしろリフォームへの補助が利用されるケースが多くみられた。

③地方都市が今後まちなか居住を推進する上での課題としては，こうした支援策は本来，中心市街地に居住地としての魅力があり，そこに住みたいと思う人への最後の一押しであるはずで，中心市街地の生活利便性の回復など優先して取り組まなければならない課題を解決することが重要である。またこれらの経済的支援は個人の資産形成とも結びつくため継続的な実施には疑問の声もあがっている。今後，地方都市では人口減少や高齢化が自治体存続にとって深刻なレベルに達することが予想されるが，そうした状況でも選ばれる都市になるために自治体は「賢い縮小管理」をしながら財政面でも個人レベルでも負担の少ないコンパクトなまちづくりを志向していくことが肝要であろう。

1．中心市街地活性化の落とし穴

1-1　逆風ばかりが吹く地方中小都市

　1990年代以後の大規模小売店舗法の規制緩和・廃止と，それに伴う大型店の過剰なまでの郊外立地は，当時のモータリゼーションの進展とも結びつき，地方都市をはじめとした中心市街地の商店街に大きな打撃を与えただけでなく，いわゆる中心市街地の衰退を加速する引き鉄となった。しかし，高度経済成長期より顕在化していた核家族化の進展による子育て世帯の居住郊外化と高齢者の残留で，地方都市においても中心市街地衰退の予兆ともいえる人口減少と高齢化は，すでに始まっていた。

　またこの頃より大都市圏と非大都市圏の様々な地域格差は拡大し，今日ではさらに先鋭化する形で東京一極集中が進んでいる。北陸新幹線開通，2020年の東京オリンピック開催など東京の再都市化を加速させる動きは後を絶たない。他方，地方都市圏では産業構造の変化やグローバル化の進展，公共事業の減少などにより，地方経済を支えていた建設業や製造業の撤退・衰退が進む一方，新たな雇用は小売・サービス業などでの非正規雇用が大半を占めるなど，雇用の規模・質ともに悪化しつつある。

以上のように，地方都市を取り巻く環境は厳しさを増すばかりで，とりわけその中心市街地は一定の広域性や中心性を保持する広域中心都市や県庁所在地レベル以下の地方中小都市では改善の糸口すら見出せない自治体が多い。ところが，2006 年の改正で中心市街地活性化法はそれまでの方針を改め，「選択と集中」の考えのもとで効果的な支援を目指してきた。近年は，多様な取り組み事例を増やす目的で人口規模の小さい自治体の申請も広く認められる一方，国の財政悪化や，地方創生，低炭素まちづくりの取り組みなど別の枠組みでのまちづくりへの支援も行われるようになり，中心市街地活性化による取り組みも補助金の獲得が困難になりつつある。このように地方中小都市にもさまざまな支援の手は差し伸べられているが，解決が必要な課題があまりにも多いのが現状である。

1-2　小売業飽和時代の中心市街地活性化

　大都市圏に比べモータリゼーションの進展と郊外での商業開発が活発であった地方都市圏では，少子高齢化だけでなく進学・就職を契機とした若年層流出により人口減少も加速化しつつあるため，小売商業機能は人口規模に対して飽和状態になりつつある。とりわけ大店法廃止後の 2000 年代以後の郊外での過剰な大規模商業施設開発により，旧来の「中心市街地商店街」対「郊外大型店」に勝利した「郊外大型店」は「新たな郊外大型店」との競争にさらされている。2006 年の都市計画法改正により，郊外での大規模開発に一定の規制がかかり，新たな郊外型大型店の立地に歯止めがかけられたが，既存の大型店が撤退するわけではない。

　こうして敗者となった商店街で，近年小売業に取って代わりつつある業種は，居酒屋などの飲食業やリラクゼーションなどのサービス業が多い。商店街でも利便性に恵まれた比較的好条件の物件は，こうしたこれまで中心商業地の表通りでは見かけられなかった夜型の飲食店や，初期投資が少ない新規のサービス業によって空き店舗化を免れているが，それ以外の商店街全般では空き店舗，空き地，住宅への転用などが進行し，もはや商店街の体をなさない通りも少なくない（写真 6-1）。このように商店街の小売業の衰退によりシャッター通りと化した現状では，中心市街地の居住者は日常生活に必要なひと通りの財の入

写真 6-1　津山市中心市街地の商店街
アーケード街の店舗に替わりアパートや駐車場が立地している。（2015 年 9 月筆者撮影）

手も地元だけでは困難になりつつある。とりわけ，郊外型大型店の利用に必要となるマイカーを自由に使えず，買い物難民となる高齢者世帯が増え，深刻な社会問題となりつつある（岩間 2013，杉田 2008）。

　以上のように小売業の郊外化と人口減少の影響で，地方中小都市の小売業集積は飽和状態となりつつあるが，その分布は郊外に偏在しているために中心市街地と郊外の周辺に広がる中山間地は，あたかもドーナツの穴とリングの外側のような状況と言えよう。そのような状況の中心市街地は，古くからの市街地整備による充実した公共施設立地と公共交通網の結節地としての優位性を失い，来街者の減少に止まらず，地域住民の日常生活の最低限の利便性すら確保しにくくなっている。各地で実施されている中心市街地活性化の取り組みは，地域の状況や地域資源の存在の有無などにより様々であるが，いずれも地域の活力や賑わいを取り戻そうとする目的に大きな違いはない。他方で，極端な人口減少や少子高齢化，中心市街地の生活利便性の低下などの課題に対して，中心市街地の中心性の回復などの基本条件の再生に遡って取り組もうとする自治体は必ずしも多くない。少なくとも小売業の郊外への偏在が固定化しつつある状況下では，中心市街地の活性化を小売業の再集積のみに頼ることはできず，

多彩な都市機能の集積により多様な来街者のニーズに応えるとともに，地域住民が持続的に日常生活を送ることが可能な生活利便性の回復が不可欠となる。

本章では，人口減少・少子高齢社会に対応したコンパクトなまちづくりが求められる今日，まちなかの居住，とりわけ地方中小都市における中心市街地の居住環境を再検討し，まちなか居住を推進するための課題と方策を明らかにしたい。

2. まちなか居住の現状と課題

2-1　大都市の都心居住と地方都市のまちなか居住

人口減少時代を迎え，これまでの拡大成長型の都市開発から脱却し，いかに上手く縮退しながらネットワーク型のコンパクトなまちづくりに転換できるかが，これからの都市再整備の課題となりつつある。

国土交通省が推奨するコンパクトなまちづくりを，自市の政策課題としても掲げ取り組もうとしている都市は少なくないが，それぞれの都市の置かれている条件や環境は大きく異なる。つまり，東京など大都市では近年都心部でも手頃な価格帯での住宅取得が可能になり，いわゆる居住人口の都心回帰が進行している。その背景として，バブル崩壊後の地価下落とその際の不良債権処理，企業・行政の遊休地放出などでマンションの開発適地が出現したこと，さらに都市計画法の「高層住居誘導地区」の導入により容積率などの規制緩和が行われ超高層マンションが増加したことなど，都心居住の利点が見直されたことが挙げられる（写真6-2）。これまで郊外での戸建て住宅取得がいわゆる住宅スゴロクのゴールに位置づけられていたが，こうした都心居住が近年ではその続きとして位置づけられつつある。つまり，子どもが手の離れた一部のシニア層らが，加齢に備えてマイカー利用が必須となる郊外から生活利便の高い都心方面の駅前マンションなどへの転居を行う動きや，単身女性のお独り様のマンション購入，これまでもみられた子育て環境を考慮せずに居住地選好が可能なDINKs世帯などによって，こうした動きが推し進められている。

他方，地方都市の中心市街地では空洞化が続いている。地方都市では依然として強い戸建て志向があり，大型店や病院など公共的施設の立地も進み利便性

写真 6-2　東京中央区佃のリバーシティ 21（2015 年 9 月筆者撮影）

が高まった郊外での安価な住宅供給が続いている。中心市街地でも 2000 年代にマンション開発が進んだが，地方都市の中心市街地にはその開発適地は必ずしも多くはなかった。むしろ旧城下町などに起源をもつ中心市街地では，住宅地の土地形状がいわゆるウナギの寝床と呼ばれる細長いものが多く，古くなった家屋の建て替えなどが進まず，空き家や空き地，駐車場などの低未利用地になりやすい環境にある（写真 6-3）。ある程度まとまった土地が存在しても，

写真 6-3　鳥取市中心市街地のウナギの寝床状の空き地（2015 年 3 月筆者撮影）

第6章　まちなか居住の課題と取り組み（山下博樹）

写真6-4　鳥取市中心市街地の駐車場（2014年8月筆者撮影）
こうした駐車場が中心市街地の各所にみられる。

　先述したように買い物などが不便な居住環境であるため，郊外に比べ居住のニーズが限定的であることから，建設費の借り入れなどのリスクのあるアパート経営よりも，初期投資が少なくて済む駐車場経営が地権者には好まれている（写真6-4）。こうした住宅ストックの老朽化と建て替えが進まない状況は，少子高齢化の進展と両輪となって中心市街地の人口減少に拍車を掛けている。このように地方都市の中心市街地では，人口減少だけでなく低未利用地も増加傾向にあり，人口，土地利用共に空洞化が深刻化しており，コミュニティ活動の維持困難や学校など公共施設の統廃合，さらには固定資産税の減収など自治体の財政にも問題は及んでいる（図6-1）。
　大都市の都心部，地方都市の中心市街地のいずれも，それぞれの郊外に比べ日常生活の利便性は低く，とくに大都市の都心部はオフィス街や繁華街が発達しているため，これまでの居住者はDINKs世帯や一部の高額所得者など日常生活での買い物などを負担としない限定的な住民が多くを占めていた。こうした買い物難民が発生しやすい状況は地方都市の中心市街地も同様で，とりわけ公共交通の利便性が低い地方都市の方がより深刻である。こうした買い物難民の日常生活を支えるべく移動販売や宅配などの新規事業が地方都市では増えつ

```
┌─────────────────────────────────────────────────────────────┐
│                      中心市街地の現状                          │
│  ┌──────────────────────┐  ┌──────────────────────────┐      │
│  │ 居住者の特徴          │  │ 空間的特徴                │      │
│  │ ・顕著な少子高齢化の進展│  │ ・医療、教育など公共施設の充実│      │
│  │ ・子育て世代の郊外流出  │  │ ・古くからの街並みや文化的な雰囲気│    │
│  │ ・若年層を中心とした県外流出│ │・就業の場としての機能低下│      │
│  │ ・交通弱者の増加       │  │ ・日常的消費活動の利便性低下│      │
│  │                      │  │ ・公共交通利用の低下       │      │
│  │ 中山間地並みの高齢化   │  │ ・高い地価、課税の負担     │      │
│  │ 人口再生産機能の著しい低下│ │                         │      │
│  │ 周辺からの流入人口の増加に期待│ 既存ストックの活用率低下   │      │
│  │                      │  │ 空き家・空き地など低未利用地の増加│    │
│  └──────────────────────┘  └──────────────────────────┘      │
└─────────────────────────────────────────────────────────────┘
                              ↓
┌─────────────────────────────────────────────────────────────┐
│                    中心市街地の今日的課題                      │
│ ・飲食料品など店舗の不足により、とりわけ高齢世帯の居住環境が悪化  │
│ ・人口減少によるコミュニティ活動の維持困難                     │
│ ・学校など公共施設の統廃合                                    │
│ ・自治体の税収減少　など                                      │
│                                                             │
│ 既存の学校、病院などの活用が低調で、街なか居住のメリットが活かされない │
│    ・近年地方都市へのIターン居住の希望も増加                   │
│       ⇔ニーズの多くは中心市街地ではなく、中山間地での田舎暮らし  │
└─────────────────────────────────────────────────────────────┘
```

図 6-1　地方都市中心市街地をめぐる居住環境（筆者作成）

写真 6-5　コンビニの空き店舗を活用した
大手流通チェーンのミニスーパー

つある。他方，人口の集積がより高密な状況にある大都市では，小商圏に対応したミニスーパーの立地展開が進むなど，都心部の買い物環境は改善の兆しをみせている（写真 6-5，土屋・兼子 2013）。このようにまちなか居住の環境，条件など，様々な点で大都市と地方中小都市では差異が大きいことがわかる。

2-2 地方都市，鳥取のまちなか居住の環境と課題

では，様々な点で厳しい環境・条件下にある地方中小都市について，鳥取市を例にその現状を紹介してみよう。

鳥取市は，人口最少県である鳥取県の県庁所在地であるとともに，県東部の中心都市として機能している。2014年10月現在の推計人口は約19万3千人である。その中心市街地を流れる袋川を境に，北は藩政期に形成された城下町を起源に，現在は県庁，市役所，県立図書館などの公共施設と住宅地などで構成されている。他方，袋川以南の地域は1908年に開業した鳥取駅を中心とした商業地で，駅北口周辺には商店街のほかデパートやホテルが，駅南口にはホテルや福祉関連施設，市役所駅南庁舎などが，それぞれ立地している。

鳥取市では1970年代と90年代に郊外で大規模なニュータウン開発が行われた。1972年に分譲が開始された美萩野台ニュータウンは，鳥取市中心市街地の西郊に当初鳥取県住宅供給公社が，1990年代からは民間のよって宅地開発が続けられ，現在約4,500人が居住している。また1989年にまちびらきが行われた鳥取市南郊の津ノ井ニュータウンは，当時の地域振興整備公団（現都市再生機構）によって丘陵地に開発されたもので，当初の計画では69.8haが住宅用地とされていたが，バブル崩壊を契機に44haに変更され，計画人口も1万人から6千人規模に縮小された。これらの比較的大規模なニュータウン開発をはじめとした郊外での宅地開発の進展により，中心市街地では1980年から2000年の20年間でその居住人口は25.6%，約3,700人減少している。なお，鳥取市は2004年に周辺の中山間地をふくむ8町村を編入し，その市域は大幅に拡大し，人口も約20.2万人に達した。

鳥取市では少子高齢化の進展が2000年以降，急速に進んでいる。それまでは年間の出生数約1,900人，死亡数約1,600人で推移していたが，2000年以後の出生減と死亡増により，2012年の出生数は1,675人，死亡数は2,034人と逆転し，2007年より人口の自然減が続いている。

他方，社会増減の面では，この間一貫して社会減の状態が続き，2012年の社会減は862人であった。2003年から2012年の10年間の自然増減の合計が1,309人減に対して，同期間の社会増減は10,591人減と自然減の約8倍もある。このことは，県庁所在地レベルであっても地方都市が置かれている社

会経済的環境の厳しさを如実に示している。

　鳥取市中心市街地は，約210haと比較的広域であるが，それは上述した旧城下町地区と駅周辺の商業地の2核により構成されているためである。居住人口は近年およそ1万2,500人前後で推移しているが，高齢化率は2000年の25.7％から2012年には27.4％となり中山間地並みの高さとなっている。

　こうした居住人口の郊外化や少子高齢化の進展に伴い，鳥取市の中心市街地商店街を取り巻く環境も変化している。「商業統計表」によると鳥取市中心市街地の12の商店街の商店数は，1982年当時が合計799で最多を記録した。2007年の商店数は369でなり，対1982年比で46.1％と半減している。同様に，この25年間の中心市街地商店街の従業員数が41.3％に，年間販売額が46.0％に減少しており，売場面積も58.5％と大きく減らしている。このような商店街の衰退化は，他都市同様，郊外での過剰な大型店立地の影響も少なくない。市町村合併以前の旧鳥取市全体に占める中心市街地の商店街のシェアは，商店数でこそ48.5％であるが，従業者数27.3％，年間販売額25.3％，売場面積26.4％と，いずれも3割を下回っている。

　中心市街地商店街の状況を示す統計上の衰退傾向は，シャッター商店街に象徴される空き店舗の増加にも確認できる。鳥取市中心市街地活性化協議会の調べでは，空き店舗数は多少の増減を繰り返しながら2010年12月の73をピークに，2012年7月の時点では66に減少している。これは商店街全体の店舗数570の11.6％で，商店街によりその空き店舗率は2.6〜23.1％とかなりの差が認められる。ただし，これにはすでに廃業し住宅としてのみ利用されている建物や，コインパーキングなどの駐車場，空き地などの非店舗は分母から除かれているため，空き店舗率と実際の店舗の連続性や土地利用の状況は一致するとは限らない。

　また店舗として利用されていても，近年の中心市街地の来街者の動向などから，かつてとは店舗利用の状況にも変化がみられる。つまり，来街者の減少，中心市街地居住者の減少と高齢化などの影響で，中心市街地商店街の周辺部では店舗の住宅や駐車場など非店舗化が進む一方で，メインストリートの駅に近い比較的利便性の高い場所でも小売店から飲食店，とりわけ居酒屋などの夜間営業型の飲食店に変わるケースが多くみられる。このことは，中心市街地の比

較的立地条件の良い地点であっても，郊外型大型店などと競合する小売店の立地はすでに厳しい状況にあり，仕事帰りに駅に向かうサラリーマンなどを対象とした飲食店が，これまでの路地裏から表通りに進出したことを示している。

当然のことながら，中心市街地商店街のこうした機能的な変化は中心市街地の居住環境にも強く影響を及ぼしている。2012年2月に鳥取市が中心市街地活性化に関するニーズ等を把握するために，15歳以上の市民4千人に実施したアンケート調査（回収率40.1%）では，「公共施設が充実」と「思う（17.1%）」，「やや思う（30.7%）」，「治安が良い」と「思う（20.1%）」，「やや思う（30.3%）」など，中心市街地での居住に関連する環境の良さは比較的高く評価されていながら，他方で「買い物に商品・店舗の面で満足」と「思う（5.2%）」，「やや思う（12.2%）」とかなり低く，「食料品・日常品の買い物に満足」と「思う（6.7%）」，「やや思う（16.0%）」と日常生活レベルでの買い物すら満足度は低い。その結果，中心市街地に「住んでみたい（住み続けたい）」と「思う（11.3%）」，「やや思う（13.6%）」と，中心市街地での居住のニーズは極めて低調である（鳥取市2013）。

これまでの長年の郊外化の影響で，鳥取市の中心市街地は主要な居住・生活の場としての役割を郊外に奪われただけでなく，街としての魅力そのものが低下しつつあった。こうした状況は鳥取市特有のものではなく，地方中小都市の多くに共通する今日的課題である。地方中小都市の中心市街地が，市民にとって魅力のある街として輝きを取り戻すには多くの課題があることは上述した通りである。そうした課題の解決には近道や特効薬はなく，やはり街としての基本的かつ第一義的な機能として，誰もが安心して快適に暮らすことのできる居住環境を取り戻すことが重要であろう。市民が住みたいと思えない街に輝かしい未来があるとは到底思えないのである。

2-3　まちなか居住推進の必要性

地方中小都市の中心市街地が，まだモータリゼーションや郊外化，少子高齢化の影響などを受けず，機能的にも景観的にも都市の顔としての役割を果たしていた1970〜80年代と同じ状況に回復することは，現状では考えにくいことはこれまで述べてきた通りである。しかし，その当時とは別の形，機能で中

心市街地としての新たな役割を担うことは可能であろう。そのひとつは，今後の一層の人口減少に対応した，職住近接が可能なコンパクトなまちづくりの中心となることである。いわゆるヨーロッパで提案されたコンパクト・シティは，大気汚染や酸性雨などの地球環境問題を根本から解決するための方策のひとつとして，脱クルマ社会に再構築するために提案された経緯がある。他方，近年国土交通省などによりわが国で推奨されているコンパクトなまちづくりは，なかなか効果の上がらない中心市街地活性化の取り組みの実効性を上げるために，郊外のこれ以上の開発を抑制することとセットで提案された。これは人口減少期の土地開発ニーズの減少や，高齢化によるクルマを自由に使えない買い物難民の増加などの社会環境の変化にも対応可能であるため，いくつもの課題はあるものの，多くの自治体の市街地再生の指針となりつつある。

　ところが，先述したように中心市街地は多様なインフラの整備・集積が進んでいるにも関わらず，郊外地域と比較するとその居住環境の評価は必ずしも高くない。この間の少子高齢化や人口減少の進展，商店街の衰退などにともない，かつての良好な居住環境はバランスを崩した状態にあると言えよう。しかし，これらの課題は一朝一夕に解決できることではなく，むしろ居住人口の回復にともなって改善が期待できる。そこで，郊外地域と比較して不足している中心市街地での居住の魅力を補完するための取り組みが，自治体によって行われつつある。

　例えば，鳥取市は2013年3月に「第2期鳥取市中心市街地活性化基本計画」の認定を受けた。この第2期計画では，第1期計画の基本路線に加え，まちなか居住の推進を第1の基本方針・目標に追加し取り組むこととしている。そのうち，国土交通省の社会資本総合整備総合交付金を受けて策定した計画では，安心して暮らしつづけられる街なかの実現を目的に，中心市街地に立地する鳥取赤十字病院の老朽化建替えに際して，高齢化の進む中心市街地に徒歩圏内に受診可能な総合的な医療機能を確保するために，病院の玄関や1階の通路の一部，待合フロアなど，患者以外の人も利用できる部分の整備を暮らし・にぎわい再生事業の一環として支援している。また，空き地・空き家などの低未利用地対策として，中心市街地での住宅取得に対する借入金の利子補給や，空き家の利活用のためにその購入者，賃貸人，所有者等の承諾を得た賃借人を対象と

したリフォームの補助を，町内会への加入など一定の条件を付して行っている。

　鳥取市は，このように多くの課題が山積する中心市街地の空洞化に真っ向から取り組むべく，まちなか居住の推進に向けた地道な一歩を踏み始めた。次に，鳥取市以外にも，そうした取り組みに熱心に取り組んでいる自治体の例として，金沢市と松江市の事例を詳述したい。

3. まちなか居住推進の先進事例

3-1　金沢市の取り組み

　金沢市は，人口46.5万人（2015年6月現在）を抱える北陸地方を代表する中核市であるが，兼六園など観光資源を有する中心市街地は，高い土地価格，狭い敷地，狭い道路などの条件から居住人口の郊外化がすすみ，人口減少と活力の低下を招いていた。そうした状況下で，金沢市は前市長の注力により2001年に「金沢市まちなかにおける定住の促進に関する条例」を制定し，まちなかでの定住促進の面から中心市街地活性化を実現しようとした。金沢市が当時設定した「まちなか区域」は，2012年3月に認定された「金沢市中心市街地活性化基本計画」においてもその中心市街地の範囲とほぼ一致しており，2007年認定の第1次基本計画から継続して中心市街地活性化の第1の目標に「誰もが暮らしやすい中心市街地」を掲げ，快適で潤いのある住環境の整備に取り組んでいる。金沢市の「まちなか区域」は，JR北陸本線，犀川，浅野川に囲まれた中心部，犀川以南の一部と浅野川以北の一部の地域からなり，金沢城公園や兼六園，ひがし茶屋街，にし茶屋街などの観光資源や，市役所，金沢大学附属病院などの公共施設も立地し，風情のある歴史的建築物が多く残る地域であるが，近年はその減少も課題のひとつとなっている（図6-2）。

　「金沢市まちなかにおける定住の促進に関する条例」の基本的な考え方（基本理念）は，①土地の有効活用，②住宅の質的向上，③安全で快適な居住環境の形成，④良好なまちなみの形成，⑤うるわしい近隣社会の形成，である。こうした考え方のもと，現在，金沢市の定住支援制度，全8事業のうち7事業がまちなか区域を対象としている。この7事業の概要は次の通りである。

　戸建て住宅の取得に関連しては，1998年度より①「まちなか住宅建設奨励

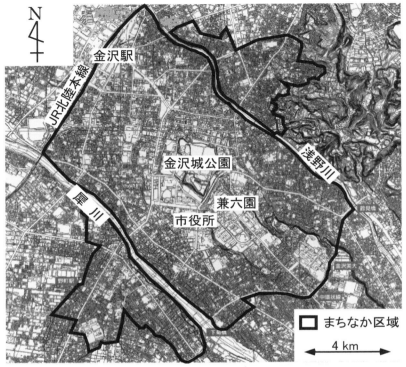

図 6-2　金沢市のまちなか区域 (筆者作成)

金」，2010年度より②「まちなか空家活用促進補助金」の制度を用意し，中心市街地での新築・中古の住宅取得を補助している。

①「まちなか住宅建設奨励金」は，新築・新築住宅購入の支援で，借入金の10%（上限は一般住宅200万円，二世帯住宅300万円）であるが，3年以上の更地の活用（借入金の1.5%，上限30万円），45歳未満（申請年度の4月1日現在，同2.5%，50万円），多子世帯（申請年度4月1日現在で18歳未満の子ども3人以上と同居，同1%，20万円），UJIターン世帯（転入3年以内，同1%，20万円）などには加算（ただし，加算の上限は100万円）がある。ただし，金沢市の街並みに合うよう，瓦葺き，塗り壁，和室の設置，敷地の緑化などの条件がある。2011年度末までの14年間に886件の利用があり，市は年間約1億2千万円を支出している。

② 「まちなか空家活用促進補助金」は，市の街なか住宅再生バンクに掲載された空き家を購入した者に対し，そのリフォームを対象に支援するもので，内部改修費の 1/2（上限 50 万円）を補助し，45 歳未満（50 万円）と UJI ターン世帯（20 万円）には加算（ただし，加算の上限は 50 万円）がある。国の財源である社会資本整備総合交付金による事業で，2010 年度と 2011 年度の 2 年間に 9 件の利用があった。これらのことから，金沢市の中心市街地においても戸建て住宅のニーズは顕在で，とりわけ新築住宅取得の希望が多いことがわかる。

　マンション等の共同住宅の取得者を対象とした自治体の支援としては，2006 年度から始まった③「まちなかマンション購入奨励金」に加え，2011 年度からは中古物件のリフォームを対象とした④「まちなか中古分譲マンション改修費補助金」も用意された。

③ 「まちなかマンション購入奨励金」は，市の景観形成基準適合などの条件により事前に認定された新築分譲マンションの購入への支援で，借入金の返済期間が 10 年以上の者に，借入金の 5%（上限 100 万円）を補助するもので，45 歳未満（25 万円）と UJI ターン世帯（20 万円）には加算（ただし，加算の上限は 50 万円）がある。2011 年度末までの 6 年間に対象物件は 3 棟で，125 戸の利用があった。

④ 「まちなか中古分譲マンション改修費補助金」は，市の街なか住宅再生バンクに掲載された空き住戸を購入した者に対し，そのリフォームを対象に支援するもので，内部改修費の 1/2（上限 25 万円）を補助するとともに，45 歳未満と UJI ターン世帯には加算（ただし，加算の上限は 25 万円）がある。国の財源（社会資本整備総合交付金）による事業で，2011 年度は 11 件の利用があった。

　こうしたまちなかでの住宅を取得する個人を対象とした支援とは別に，まちなかでの低未利用地などを活用した住宅地の整備も補助の対象となっている。

⑤ 「まちなか住宅団地整備費補助金」は 2001 年度よりスタートした制度で，500㎡以上の住宅団地を整備する事業者に対して，道路等用地費，道路等工事費，老朽建築物の除去費の各 1/2 を補助するものであるが，まちなか

区域のうち近代的都市景観創出区域は除かれる。また，全区画に①のまちなか住宅建設奨励金の基準に適合した住宅を建築することも条件となっている。国の財源（社会資本整備総合交付金）による事業で，これにより2011年度末までに15団地に96区画が整備された。

　2008年度からは，⑥「まちなか低未利用地活用促進事業補助金」の制度も用意された。これは，まちなか区域のうち特別消防対策区域，地区計画区域，まちづくり協定区域，災害危険度判定調査による重点整備区域のいずれかに500㎡未満の住宅団地を整備する事業者に対して，隅切用地費（10割），道路等工事費（10割），老朽建築物除去費（1/2）を補助するもので，2区画以上の整備（1区画は135㎡以上），全区画に①のまちなか住宅建設奨励金の基準に適合した住宅を建築することが条件となっている。

　さらに2010年度からは⑦「まちなか空地活用促進奨励金」も用意され，⑥のまちなか低未利用地活用促進事業補助金に適用となり，まちなか住宅再生バンクに掲載した空き地の売主に対し，譲渡所得額相当分の3%（上限30万円）を交付する制度である。しかし，⑥「まちなか低未利用地活用促進事業補助金」と⑦「まちなか空地活用促進奨励金」は2011年度末までに利用はなかった。

　以上のように，金沢市では中心市街地での多様な住宅取得，住宅団地整備などに対して考え得るさまざまなメニューを用意している。一部は国の財源によるものもあるが，ここでは割愛した郊外での新築戸建て住宅取得支援である「いい街金沢住まいづくり奨励金（2004年度〜）」の2011年度決算約6,500万円と①のまちなか住宅建設奨励金だけで金沢市は年間約1億8,200万円を支出している。なお，金沢市では，2010年度まで行っていた賃貸住宅への家賃補助などの支援は現在行われていない。

　近年，金沢市では武蔵ヶ辻・香林坊を中心とした旧来の商業地のうち，武蔵ヶ辻の一部などでは老朽化した商業ビルに替わりマンションの建設が進められるようになった。また，2015年3月に北陸新幹線が開通したJR金沢駅周辺でも，2011年頃よりマンション立地が進んでいる。依然として中心市街地の人口は微減が続いているものの，こうした動向も市による支援策と結びつき，居住人口の社会増減では2010年以後増加に転じている。

　金沢市は，こうした定住支援を「最後の一押し」と位置付けている。つまり，

あくまでベースには，中心市街地での生活の質向上や居住環境の整備改善，文化・スポーツ，商業振興（例，買い物支援の100円循環バス）などさまざまな取り組みの成果としてまちなか居住の魅力があり，そこに観光資源の存在など金沢市の個性や新幹線開業などの魅力アップにつながる要素も加味されることになる。そのなかでも，まちなかのマンション居住のターゲットとなるシニア世代やお独り様女性などのニーズにあった環境整備，住宅供給などが必要であるとしている。

3-2　松江市の取り組み

松江市の中心市街地は，国宝松江城を中心に堀川遊覧や小泉八雲記念館，宍道湖岸の温泉街などの観光資源のほか，島根県庁や松江市役所のある橋北地区と，JR松江駅の周辺に位置する商店街や商業施設などが立地する橋南地区からなる（図6-3）。

松江市は，2011年に「松江市空き家を生かした魅力あるまちづくり及びまちなか居住促進の推進に関する条例（空き家管理条例）」を制定し，増加傾向にある空き家の流通・活用の促進，定住人口の増加，住み替えニーズへの対応のために，全市域を対象として中古木造住宅の取得及び改修・建て替えの支援に取り組んでいる。こうしたいわゆる空き家管理条例は，2014年現在では全国で401もの自治体で制定されているが，

図6-3　松江市の中心市街地活性化対象区域
（筆者作成）

松江市はこの条例で空き家の管理義務だけでなく，中古住宅の利活用促進のために次の4事業を位置づけている。その概要は以下の通りである。

　松江市のまちなか居住に関連した補助事業のうち，最も早い2008年10月より取り組みが始まったのが，①「若年者まちなか住宅家賃助成事業補助金交付制度」である。これは中心市街地の賃貸住宅に居住する，35歳以下，所得が基準以下などの一定条件を満たす若年者に家賃の一部を助成するもので，月額上限1万円を36か月の期間以内で支給する。年間に新規と継続を併せて約20件（約245万円）の利用がある。まちなかのみを対象とした事業としては，これ以外に，2012年度より②「まちなか住宅団地整備計画」の認定制度と補助金交付を行っている。これは中心市街地での戸建て住宅団地整備を市が認定し，市のホームページで認定団地として紹介するとともに，公共施設整備に必要な費用の一部（年1件，上限500万円）を助成している。補助対象経費には，道路舗装や公園，上下水道などのほか，老朽建築物などの除去も含まれる。

　これら以外の居住支援策は市域全体を補助の対象としつつ，まちなかには補助率の上乗せで優遇している。2009年8月より③「中古木造住宅取得等支援事業補助金交付制度」で，市内の中古木造住宅を取得，改修，建替えを行う者への支援を始めた。中心市街地の物件には補助率の上乗せがある。年間で合計100件近い利用実績があり増加傾向にあるが，そのうち中心市街地での利用は1割程度にとどまる。ただし，仮に毎年10軒の中古住宅に何らかの改善があれば，その蓄積の効果はかなり期待できよう。現在のところ，松江市では2,375万円（2014年度）の予算が5月末で切れる状況にあり，一定のニーズがあることは確認できる。

　2011年度からスタートした④「戸建賃貸住宅改修支援事業補助金交付制度」も築10年以上の戸建て住宅で概ね5年以上空き家となっている物件を，賃貸住宅として貸し出すために必要な経費の一部を助成するもので，中心市街地の物件には補助率の上乗せがある。補助金額は対象経費の10％（上限40万円）だが，補助対象として改修工事だけでなく，家具などの片付けや清掃の費用も含むことができる。中心市街地は補助率が15％（上限60万円）となるが，2014年度途中までの利用実績は郊外での1件にとどまる。

　以上のように，松江市ではこうした制度を関連的に整備し活用することで，

地方都市の中心市街地で深刻化しつつある老朽住宅問題に対応している。他方，松江城に近い南殿町地区では老朽化した密集市街地の敷地を共同で多機能に利用すべく店舗・住宅・駐車場からなる14階建ての再開発事業を計画した。さらに松江市では上記の4事業と併せて，住宅関係の12に及ぶ支援メニューを用意し，多様なニーズに応えようとしている。こうしたハードとソフトを取り混ぜた多彩な施策は，住民のニーズを的確に把握していなければ具体化できない。そのなかで松江市の伺います係の果たす役割は大きく，空き家管理条例の実現に結びついている。こうした住民の声に常に敏感に反応できる体制を整えることが，現代の住民ニーズに応える行政の役割ともいえよう。

3-3 まちなか居住支援の実態

長期的な人口減少傾向が予想されるわが国では，自治体にとって居住人口の確保は税収などの面で重要な課題となっている。そのため，各自治体は子育て環境の改善などの少子化対策を進める一方で，UJIターンを受け入れるための様々な取り組みを実施し始めている。そこで，そうした自治体の取り組みやその実績，課題などを明らかにするために，アンケート調査を実施した。調査は，インターネットを用い，「まちなか居住」の推進を掲げている自治体にメール添付でアンケートを電送し，回答を得た。その際，中心市街地への機能集積が少なく，まちなか居住のメリットが必ずしも高くない町村レベルの自治体は省略し，また東日本大震災の影響が強い東日本は避け，西日本地域から28の市役所を抽出した。ホームページや都市マスタープランなどには「まちなか居住の推進」を掲げていながら，特段の取り組みはしていない自治体も少なくなく，アンケートの有効な回答を得たのは，松山市，岐阜市，和歌山市，今治市，米子市，小松市（石川県），津山市（岡山県），井原市（岡山県），さぬき市（香川県），玉名市（熊本県），南さつま市（鹿児島県）の11の自治体であった（表6-1）。

多様なまちなか居住支援策とその特徴

今回実施したアンケート調査で回答が得られた11の自治体の具体的なまちなか居住推進に関する支援策は合計22の事業があり，それらは大きく「住宅取得」「家賃補助」「リフォーム」「利子給」「その他」に分類できた。アンケー

表 6-1 調査対象の自治体の概要（筆者作成）

	住民基本台帳人口 （2012年、万人）	面積 (km²)	人口密度 (人/km²)	中活基本計画の認定状況	
鳥取市	19.4	766	253	2次	H25.3
松山市	51.4	429	1,198	2次	H26.10
金沢市	44.5	468	951	2次	H24.3
岐阜市	40.9	203	2,015	2次	H24.6
和歌山市	37.8	209	1,809	1次	H19.8
松江市	20.5	573	358	2次	H25.3
今治市	16.8	420	400		
米子市	14.8	132	1,121	1次	H20.11
小松市	10.8	371	291		
津山市	10.5	506	208	1次	H25.3
玉名市	6.9	153	451		
さぬき市	5.2	159	327		
井原市	4.3	243	177		
南さつま市	3.7	283	131		

2015.10現在、筆者作成

ト結果から明らかとなったそれぞれの支援策の概要は次の通りである。

「住宅取得」

　全ての自治体で「住宅取得」に関する支援は実施されていた。そのうち，対象地域を中心市街地に「限定」，あるいは「優遇・優先」しているのは松山市，岐阜市，和歌山市，今治市，米子市，小松市の6都市であった。今治市，小松市以外は中心市街地活性化基本計画の認定を受けている。中心市街地での支援を実施していたのは，回答のあった11の自治体のうち人口規模が概ね15万人以上の上位の都市である。これらの都市は一定以上の都市機能が中心市街地に集積し，まちなか居住のメリットをアピールしやすい環境が支援の背景にあると思われる。他方でこうした支援がまちなか居住の推進には必要な状況下にあることも確認でき，すでに地方都市では減少傾向にある居住人口を中心市街地と郊外の地域間，あるいは近隣の都市間で奪い合う段階となっていることが推察できる。

　住宅取得に対する支援の特徴として，支援の内容は現金支給がほとんどであるが，地域経済活性化も企図した地域振興商品券の支給（和歌山市）もあった。申請の要件に，「世帯の所得額」に上限を設けていたのは，和歌山市（510万円）のみで，それ以外の都市では制限はなかった。住宅取得のうち「賃貸共同住宅」の建設費に支援を行っているのは，松山市，今治市，米子市で，そのうち松山

市は「賃貸共同住宅のみ」を対象に支援を行っていた。地域経済活性化などを目的に，申請に際し市内事業所による施工などを条件としたり，加算の条件としたりしている自治体（小松市，津山市，南さつま市）もあった。

こうした取り組みの利用実績は，松山市，岐阜市，今治市の比較的都市規模の大きい自治体では少ないが，小松市，玉名市，さぬき市などでは年平均10～200件と利用が多く，利用の多い自治体で年間1,000万～3,000万円程度の実績額があった。

この取り組みの課題としては，事業の周知など広報に関する工夫の必要性，実績が少ないことを理由とした事業見直し，費用対効果の検証などが挙げられた。また，事業の継続見込は，財源（社会資本整備総合交付金）の確保が前提となっている自治体が多いため，時限的な取り組みとしている自治体が多かった。

「家賃補助」

賃貸住宅などへの入居者への家賃補助を実施していたのは岐阜市のみであった。その対象も市外からの転入者のみという条件もあり，利用実績は少ない。松山市は，貸主への家賃減額補助を実施しているが，こちらも利用実績は少ない。

「リフォーム」

住宅のリフォームに対する支援は，4都市で実施されていたが，津山市以下いずれも人口規模の比較的小さい都市であることが共通している。そのいずれの都市でも利用実績は多く，なかでもさぬき市，井原市では年間100件以上の利用があった。この取り組みも，住宅取得への支援同様，財源の問題から中長期的な実施は困難な状況にある。

「利子補給」

住宅取得の際に銀行など金融機関からの借り入れに際して，その利子を補給する事業も岐阜市と井原市で実施されている。しかし，岐阜市ではその利用実績が3年間で1件のみと，ほとんど利用されていない。他方，井原市では利用実績は多いが，市公社が分譲した団地の販売促進が目的であり，その団地の住宅購入者を対象に，利子補給のほかさまざまな支援メニューがセットで行われている。

「その他」

上記以外の支援の多くは，各自治体の個別状況に対応した施策であり，例えば津山市は林業の振興，井原市は市開発公社が分譲した団地の販売促進，それ以外には騒音区域対策，新幹線通勤補助などの特殊事例であった。

以上のように，アンケート調査の結果から，サンプル数は少ないながらもまちなか居住推進支援策の特徴の一端は確認できた。つまり，「住宅取得」に関する支援策はすべての自治体が実施していたものの利用実績は低調で，「家賃補助」「利子補給」についても同様であった。他方「リフォーム」への支援の利用は多く，このことは地方の中小都市では少子高齢化の進展で新築住宅のニーズが縮小している状況に対し，高齢化の進展で住宅リフォームの必要性が高まっていることを大きく反映していると考えられる。

3-4　まちなか居住支援の成果・課題

今回実施したアンケート調査は，東日本大震災対応の影響を避けるために中部地方（北陸・東海）以西の西日本を対象にまちなか居住の推進を想定したマスタープランや中心市街地活性化などに取り組んでいる自治体を抽出したが，インターネット上で確認できた自治体はわずかに 28 であった。そのうち回答のあった 11 の自治体の実績から取り組みの主な成果として次のことが挙げられる。

①小松市は，石川県第 3 の都市で人口 10.8 万人と比較的小規模の自治体であるが，市内への居住推進支援策として 8 事業を行っており，成果を上げている。小松市の特徴は，市内のあらゆる地域（まちなか，都市計画区域，農山村）での居住推進のメニューを用意していることであるが，そのうちまちなか，あるいは都市計画区域に市外からの流入人口で 200 人近くの新たな社会増を生んでいる。その理由の一つとして，北陸の積雪地帯である小松市が，除雪・融雪対策の推進を掲げ，融雪装置の整備などまちなかをはじめとした地域の一層のインフラ整備により，居住地としての魅力向上に努めていると考えられる。

②津山市は，地域材利用を条件に新築住宅建設とリフォームの支援策を用意し，

併せて年間100件前後の利用実績を上げている。財政的に厳しい状況もあるが，地域経済の活性化など他の目的との相互乗り入れによって，両面からの補助金獲得を検討するなど，改善次第では持続的な取り組みとなる可能性も考えられる。
③リフォームを支援する事業は，比較的人口規模の小さい自治体で取り組まれているが，玉名市をのぞくと利用状況は好調である。高齢化の進展によるバリアフリー化や，震災対応の耐震補強など，地価が比較的高い中心市街地で手ごろな価格の住宅を流通させるには，中古住宅のリフォームを支援することは有効であると思われる。

他方，本調査ではまちなか居住推進を支援する施策そのものを実施している自治体は，少なくとも西日本では必ずしも多くないことが明らかとなった。それにはまちなか居住推進支援がもついくつかの問題点が考えられる。アンケート結果も参考に，主なものを挙げると次のようになる。
①各自治体が支援の対象とする範囲は，中心市街地だけでなく郊外の住宅地のほか，市町村合合併より中山間地まで含む都市も少なくない。そのなかで，中心市街地に限定したまちなか居住を推進するためには，明確な都市マスタープランによる位置づけと，市民への丁寧かつ根気強い説明が必要となる。
②住宅取得者や賃貸住宅入居者への何らかの支援は，個人の資産形成に結びつくことから税金を使って行うことへの抵抗感がある。そのため，国などからの財源が確保されれば取り組みを進められるが，独自の財源を用意して中長期的な取り組みとして持続することが難しい。
③こうした居住者への支援は，多くの場合自市の中心市街地への居住を検討している者の決定を促す効果はあっても，それだけで多くの流入人口確保に結びつくような効果は期待しにくい。そのため，費用対効果の検証が難しい側面がある。
④先述したように居住者はトータルでの居住環境の評価によって居住地選好を行うものであり，行政からの支援策だけで判断していない。行政による支援の必要性は，むしろ隣接する他地域が同様の支援を行っている場合に，対抗措置として実施せざるを得ない状況が高くなる。

4. 中心市街地への居住推進の課題と展望

4-1　まちなか居住推進策の課題

　これまで述べてきたように，各自治体が行っている居住推進のための支援策は，補助金などの形でまちなかに居住するための経済的負担の軽減を図ろうとするものであった。こうした事業は換言すれば，個人の資産形成に多額の税金を投じていると言うこともできる。実際に，自治体の担当職員のなかにもこうした手法がベストとは考えていないという声もあった。またこれらの事業に国の社会資本整備総合交付金などの財源を用いて時限的に取り組んでいる自治体もあり，継続性の点でも課題が残る。

　他方で，こうした補助金などを用いた支援策を金沢市では「最後の一押し」と位置付けていたように，中心市街地そのものが居住の場として選択されうる魅力的なまちであることが，最も重要である。つまり，中心市街地の居住人口を回復することは一朝一夕ではなく，地道で着実な居住環境向上にむけた取り組みの積み重ねの上に実現できる。子育て環境が整い，高齢者にも住みやすい生活環境の実現こそが，持続可能な市街地のゴールなのではないだろうか。

　とはいえ，人口減少が顕著な地方中小都市においては，今後の新築住宅のニーズは先細る一方であろう。他方で，高齢者の増加，自宅での福祉介護の機会増加など，高齢者介護などにも対応可能なリフォームの需要は高まることが予想できる。さらに「1億総活躍」が求められるなか，女性の社会進出を下支えするための子育て環境の整備も求められているが，地域による格差は大きいのが現状である。こうした地域間競争は，一見大都市圏が優勢のように思われるが，非正規労働者の割合が高まるなか，生活コストが相対的に安価な地方圏の魅力も高まりつつあり，田舎暮らしも注目を集めている。地方都市はこうした潮流に対応できるよう，常日頃からの準備とまちの魅力アピールを怠ってはならない。限られた財源を有効に活用しながらこのような地域のニーズに適切に対応することで住民の満足度を高めていくことが，「居住地」として選ばれる自治体になるために今後の行政に求められる点であろう（図6-4）。

第6章　まちなか居住の課題と取り組み（山下博樹）

居住人口の動態	中心市街地再生のレベル	行政に必要な取り組み
人口充実期 （人口減少時代でも流入人口が絶えない状況）	**魅力的な生活環境の実現（理想像）** ・歩いて楽しい魅力ある商店街・施設 ・多様な世帯に快適な居住環境の実現 ・多彩なコミュニティ活動の充実	・郊外にない魅力的なまちづくりで、人口増加以外にも波及効果 （ex.富山市では、まちのイメージアップにより民間開発、企業誘致などが増加）
人口回復期 （子育て世代らの流入で、人口が増加し始める状況）	**生活環境の利便性向上（当面の目標）** ・快適生活のための店舗・施設の拡充 ・便利な公共交通への改善 ・子育て、高齢世帯に優しい居住環境	・中心市街地のストックを活かした子育て世代、高齢者に魅力的なまちづくりの推進 ・それを後押しする補助金など支援策の実施
人口減少停滞期 （自然減を補う社会増で、人口減少に歯止めをかけることが可能な状況）	**必要最低レベルの生活環境改善** ・日常生活に必要な店舗・施設の補充 ・高齢者らに優しい歩行環境の整備 ・安全・安心な居住環境	・現在の居住者のニーズに応えた生活利便性向上のための再整備
人口減少・高齢化期 （自然減に社会増が追い付かない状況）	**必要レベルの生活環境の欠如（現状）** ・必要店舗の不足による買物難民発生 ・交通低利便による移動困難者の増加 ・空き地、空家の増加	

図 6-3　中心市街地の居住環境改善と人口増加へのステップ　（筆者作成）

4-2　まちなか居住の今後の展望

　中心市街地はこれまでの中心市街地活性化の取り組みで，老朽化したアーケードの付け替えなどインフラの整備は進められてきたが，それによって日常的な生活環境が十分に改善されていないことは，全国的な買い物難民の存在からも伺い知れよう。富山市がLRTの整備を通じて，高齢者の外出機会の増加とそれによる健康保険支出の減少，まちなかの居住人口の増加だけでなく，さらには企業誘致の成功など都市のイメージアップにまで波及効果を挙げている（山下2015）。このことからも，公共交通を基盤とした都市の核として中心市街地をしっかりと再生することは，住みやすい生活環境を再構築しながら徐々にコンパクトな市街地に再編することも可能であり，高齢化の進んだ人口減少社会において有効なことは明らかである。

　全国にある空き家は，2013年現在で約820万戸，空き家率は13.5%と言われている。これらの一部にはすでに住宅としての消費期限が過ぎ，再生不能となった建物も含まれているだろうが，他方でそれ以外の使用可能な住宅も人口減少の顕著な状況下では，それらをすべて居住用として再利用することは

写真 6-6　アーティスト村として再生したマドリッドのカフェ
（2011 年 9 月筆者撮影）

現実的ではない。中山間地域ではそうした空き家を集落で管理し，UJI ターンなどの移住者に入居してもらうことで利活用している地域もある。アメリカ合衆国ニューメキシコ州のマドリッドでは鉱山閉山後にゴースト化した集落で，空き家を無償提供することでアーティスト村として再生した事例もある（写真 6-6）。近年，日本でもこうした AIR（Artist in Residence）の取り組みが中心市街地活性化の一環で行われている地域もあるが，行政の補助金に依存したアーティストの短期滞在では前出のマドリッドのような自立したまちづくりにまで結びつけることは容易ではない。むしろ地域のコミュニティ活動や住民の交流の場，あるいは子育て支援など中心市街地に不足しがちな機能を補うための空き家のリノベーションであれば，自治体からの補助金も利用しやすく中心市街地の魅力向上にも大いに役立つことだろう。

　こうした空き家の利活用の一方で，中古住宅として適正に流通することも必要である。国の「空家等対策の推進に関する特別措置法（2015 年 2 月施行）」では，これまでの住宅用地に対する固定資産税の特例を見直し，管理が適正でない空き家の敷地については固定資産税減額の特例から除外することとなった。これにより適切な管理がされず放置された空き家が減少し，中古住宅の流

通促進と居住環境の改善が図られることが期待される。

　また不要となった住宅が撤去された後の空き地の利活用も重要な課題となる。矢作（2014）によれば世界の自動車産業を牽引してきたアメリカ合衆国のデトロイトでは極度に人口減少が進んだ結果，市街地の一部が「都市農」の農地に還元しつつあるという。日本の中山間地で耕作放棄地が増加し原野に戻るように，数百年の時間を費やして行われてきた土地の開発や土地利用変化において，時計の巻き戻しが始まっている。とりわけ郊外をふくむ既存市街地では，その縮小の在り方が問題となる。都市の「成長管理」政策は，持続可能な都市の発展には有効かつ必要な条件となっているが，今日のわが国の地方都市には「賢い縮小管理」政策が求められていると言えよう。

参考文献
岩間信之編 2013.『改訂新版 フードデザート問題－無縁社会が生む食の砂漠』農林統計協会．190p.
金沢市 2007.『金沢市中心市街地活性化基本計画－人が住まい，集い，にぎわう，元気な中心市街地の実現を目指して－』210p.
金沢市 2012．金沢市中心市街地活性化基本計画．210p.
杉田　聡 2008『買物難民　もうひとつの高齢者問題』大月書店 206p.
鳥取市 2013.『第2期鳥取市中心市街地活性化基本計画』124p.
矢作　弘 2014.『縮小都市の挑戦』岩波新書．266p.
山下博樹 2015. 人口減少社会とコンパクトなまちづくり－近年の動向と今後の課題－．日本地域政策研究 15．pp.28-34.

索　引

あ

アウトオブセンター　*54, 60, 65, 73*
空家等対策の推進に関する特別措置法　*164*
アベノミクス　*15*

い

一見客　*118, 122, 123, 124, 128*
イングリッシュパートナーシップ　*63*
インナーシティ　*28, 54, 59, 60, 61, 62, 65, 70, 71, 73*
インバウンド観光　*113, 114*
インフラ長寿命化基本計画　*20*

え

AIR（Artist in Residence）　*164*
影響評価　*22, 24, 29, 30, 34, 35, 40, 41, 42, 43, 44, 45, 46, 49, 51*
エンタープライズゾーン　*64*

お

オフィスパーク　*65*

か

改正都市計画法　*131*
階層構造　*19, 26, 27, 28, 30, 31, 46, 47, 48*
開発許可　*6, 13, 25, 34, 38, 39, 41, 48*
開発許可制　*6, 13*
買回品　*26, 28, 29, 31, 32, 35, 36, 37, 38, 39, 40, 41, 43, 44, 45, 46, 71*
買い物弱者　*100, 102*
買い物難民　*142, 145, 163*
上山型温泉クアオルト事業　*109*

簡易計画　*43, 44*
簡易申請　*34, 40*
観光資源　*104, 129, 130, 151, 155*
観光政策審議会　*119, 129*
官民パートナーシップ　*62, 63*

き

キーパーソン　*94, 95*
業務旅行　*116, 119, 125, 126*
居住環境　*9, 10, 139, 143, 145, 146, 149, 150, 151, 155, 161, 162, 163, 165*
居住推進支援策　*139, 160*
居住誘導区域　*6, 16, 46*

く

区域区分　*2, 3, 6, 9, 10, 11*
空洞化　*1, 59, 76, 84, 100, 101, 131, 143, 145, 151, 166*

け

計画政策ウェールズ　*24, 25, 26, 29*
計画地域　*55, 56, 61, 71, 73*

こ

広域ショッピングセンター　*26, 28, 29, 51, 84*
公共施設等総合管理計画　*20*
高齢者　*100, 101, 102, 125, 134, 136, 140, 142, 162, 163, 165*
固定資産税　*145, 164*
コミュニティ　*25, 26, 28, 63, 98, 99, 133, 138, 145, 164*
コンパクトシティ　*1, 5, 6, 11, 14, 15, 16, 18, 19, 20, 24, 47, 49, 50, 132*

索　引

コンパクトシティ・プラス・ネットワーク（多極ネットワーク型コンパクトシティ化）　5, 16, 18
コンパクトなまちづくり　131, 132, 139, 140, 143, 150, 165

さ

再開発型ショッピングセンター　58, 59, 71
再開発事業　59, 62, 82, 98, 131, 133, 157

し

支援活動　110, 111, 112, 113, 114, 128
市街化区域　2, 3, 48, 50
市街化調整区域　2, 3, 4, 11, 13, 14
シティセンター　26, 27, 28, 30, 31, 46, 53, 54, 55, 56, 57, 58, 59, 60, 61, 62, 63, 64, 65, 66, 67, 68, 69, 70, 71, 72, 73
シティセンターマネージメント　63, 64
シティリビング　65
社会資本総合整備総合交付金　139, 150
シャッター通り　74, 80, 133, 138, 141
自由旅行　117, 124, 125, 126
主活動　110, 111, 112, 113, 114
縮小管理　140, 165
受注型企画旅行　124
準都市計画区域　4, 6, 11
詳細申請　34
シングルリジェネレーションバジェット　63

す

スーパー　4, 7, 25, 26, 27, 28, 32, 33, 35, 37, 44, 45, 47, 77, 83, 100, 106, 146
スーパーストア　26, 27, 28, 32, 33, 35, 37, 44, 45, 47

せ

生活の質向上　155
生活利便性　106, 139, 140, 142, 143
成長管理　165
潜在的旅行者　116, 124
戦災復興　54, 56, 58
センターの分極化　71

そ

総合開発地区　57
ソーシャル・キャピタル　81, 101

ソーシャル・ビジネス　114
組織形態　92

た

第一種大規模小売店舗立地法特例区域　13
大規模小売店舗法（大店法）　2, 5, 6, 7, 49, 50, 76, 138, 140, 141
大規模小売店舗立地法（大店立地法）　1, 2, 5, 6, 9, 13, 15, 21, 30, 78
大規模集客施設　3, 4, 5, 6, 13, 14, 18, 23, 131
大店立地法指針　5, 6, 9
タウンセンター　19, 22, 23, 24, 25, 26, 27, 29, 33, 35, 46, 47, 51, 61, 63, 71, 72, 74
タウンセンターファースト政策　19, 22, 24, 25, 29, 33, 35, 46, 51
タウンセンターマネージメント　61, 63, 74
ダウンタウン　55

ち

地域公共交通活性化再生法　5, 15, 16, 18
地域の差別化　120, 125, 126, 127, 128
着地型観光　104, 110, 117, 118, 124, 125, 128, 129
中古住宅　156, 161, 164
中小小売商業高度化事業　9
中心市街地活性化基本計画　4, 6, 9, 11, 13, 14, 16, 17, 18, 19, 20, 22, 85, 86, 96, 132, 133, 150, 151, 158, 165
中心市街地活性化基本方針　13, 16, 17, 19, 20
中心市街地活性化協議会　6, 13, 148
中心市街地活性化法　1, 2, 5, 6, 8, 12, 14, 15, 16, 17, 18, 19, 20, 23, 47, 80, 85, 104, 131, 138, 141
中心市街地活性化本部　13, 20
中心市街地商店街　81, 86, 138, 141, 148, 149
中心地区　55, 56, 73, 74
中心地理論　27, 46

て

TMO　9, 11, 12, 13, 20, 21, 85
ディストリクトセンター　26, 27, 28, 30, 31, 32, 38, 39, 40, 44, 46, 47, 63
低未利用地　133, 138, 144, 145, 150, 153, 154
手配旅行　124, 125

と

特定民間中心市街地経済活力向上事業 *6, 16, 17*
特定用途制限地域 *6, 10, 11, 12, 14*
特別用途地区 *4, 6, 9, 11, 12, 14*
都市開発公社 *62, 64*
都市機能の再集積 *134*
都市機能誘導区域 *6, 16, 17, 18, 19, 46, 47, 48, 49, 50*
都市計画運用指針 *17, 19, 20, 48, 50*
都市計画区域 *3, 4, 6, 9, 10, 11, 17, 18, 19, 20, 160*
都市計画図 *41, 42, 44, 46*
都市計画法 *1, 2, 3, 5, 6, 7, 9, 10, 11, 12, 13, 15, 21, 23, 24, 48, 49, 78, 131, 141, 143*
都市再生特別措置法 *5, 6, 15, 16, 17, 18, 21, 24, 46, 47, 49*
都市政策 *2, 7, 65*
都市農村計画法 *24, 54, 59*
都心回帰 *139, 143*
都心居住 *143*
鳥取市 *144, 145, 147, 148, 149, 150, 151, 158, 165*

に
日本再興戦略 *5, 15, 22*
ニュータウン *147*

ね
ネットワーク型のコンパクトなまちづくり *143*

は
発地型観光 *104, 110, 124, 125*
バリュー・チェーン *110, 111, 113, 118, 128*
バルキー商品 *36, 37, 38, 39, 40, 43, 44*

ひ
ビジネスインプルーブメントディストリクト *61, 63, 64*
必要性の評価 *22, 24, 29, 35, 40, 41, 43, 45, 46, 48, 49, 51*

ふ
フードデザート *47, 50, 100, 102, 165*
複合的土地利用 *65, 67*
不動産主導型開発 *62*

ブラウンフィールド *60, 62, 64, 65, 66, 73*
プリシンクト制度 *58*
プログラムチャーター便 *114*

ほ
歩行者専用道路 *59, 65, 70*
募集型企画旅行 *124*

ま
マスタープラン *6, 9, 10, 25, 66, 157, 160, 161*
まちづくり三法 *1, 2, 4, 5, 6, 7, 8, 11, 12, 15, 18, 21, 80, 99, 131*
まちなか居住 *14, 20, 132, 133, 138, 139, 140, 143, 146, 147, 149, 150, 151, 155, 156, 157, 158, 160, 161, 162, 163*
松江市 *139, 151, 155, 156, 157, 158*

み
ミニスーパー *146*

も
最寄品 *28, 29, 31, 32, 36, 37, 38, 39, 40, 45, 46*

や
家賃補助 *77, 154, 157, 159, 160*

よ
用途地域 *2, 3, 4, 9, 11, 13, 14, 23, 24, 48, 49, 50*

り
利子補給 *150, 157, 159, 160*
立地適正化計画 *6, 16, 17, 18, 19, 20, 21, 24, 46, 47, 48, 49*
リティルパーク *26, 28, 31, 32, 33, 34, 39, 41*
リピーター客 *118, 122, 123, 124, 125, 126, 129*
リフォーム *140, 151, 153, 157, 159, 160, 161, 162*
流通政策 *2, 7, 22, 99*
旅館の差別化 *122, 127, 128*
旅行形態 *115, 124, 125, 126*
旅行者の意思決定モデル *115*
リングロード *57, 58, 60, 61, 65, 67, 69, 73*

れ

連続的アプローチ　*24, 29, 34, 35, 40, 42, 43, 44, 45, 46, 48, 49*

ろ

ローカル開発計画　*24, 25, 29, 30, 33, 40*
ローカルセンター　*19, 26, 27, 28, 30, 31, 32, 33, 34, 37, 38, 39, 42, 43, 46, 47, 48*
ロードサイド（型店舗）*4, 15, 46, 49*

執筆者紹介

根田　克彦（ねだ　かつひこ）奈良教育大学教授。編集，第 2 章
1958 年生。筑波大学大学院博士課程地球科学研究科単位取得満期退学。博士（理学）。主著：『都市空間の見方・考え方』（共編著，古今書院 2013）。『都市小売業の空間分析』（大明堂 1999）

荒木　俊之（あらき　としゆき）㈱ウエスコ。第 1 章
1970 年生。京都大学大学院人間・環境学研究科修士課程修了。
博士（人間・環境学）。主著：『小商圏時代の流通システム』（共著，古今書院 2013），『流通空間の再構築』（共著，古今書院 2007），『日本の流通と都市空間』（共著，古今書院 2004）。

伊東　理（いとう　おさむ）関西大学名誉教授。第 3 章
1951 年生。京都大学大学院文学研究科博士課程中退。
博士（文学）。主著：『イギリスの小売商業　政策・開発・都市─地理学からのアプローチ』（関西大学出版部 2011），『図説アジア・オセアニアの都市と観光』（共編著，古今書院 2013）

箸本　健二（はしもと　けんじ）早稲田大学教育・総合科学学術院教授。コラム 1
1959 年生。東京大学大学院広域科学専攻博士課程修了。
博士（学術）。主著：『日本の流通システムと情報化』（古今書院 2001），『日本の流通と都市空間』（共編著，古今書院 2004），『流通空間の再構築』（共編著，古今書院 2007），『インターネットと地域』（編著，ナカニシヤ出版 2015）など。

駒木　伸比古（こまき　のぶひこ）愛知大学地域政策学部教授。第 4 章
1981 年生。筑波大学大学院生命環境科学研究科修了。
博士（理学）。主著：『役に立つ地理学』（共著，古今書院 2012）

岩間　信之（いわま　のぶゆき）茨城キリスト教大学文学部教授。コラム 2
1973 年生。筑波大学大学院地球科学研究科修了。
博士（理学）主著：『改訂新版　フードデザート問題：無縁社会が生む「食の砂漠」』（編著，農林統計協会 2013）

山田　浩久（やまだ　ひろひさ）山形大学人文社会学部教授。第 5 章
1964 年生。東北大学大学院理学研究科博士課程後期修了。
博士(理学)。主著：『地価変動のダイナミズム』（大明堂 1999），『北東日本の地域経済』（共著，八朔社 2012），『地方都市の持続可能な発展を目指して』（編著，山形大学出版会 2013），『現地学習を中心にした災害復興学の実践』（山形大学人文学部叢書 3，2013）

山下　宗利（やました　むねとし）佐賀大学芸術地域デザイン学部教授。コラム 3
1960 年生。筑波大学大学院博士課程地球科学研究科単位取得満期退学。
理学博士。主著：『東京都心部の空間利用』(古今書院 1999)，『日本の地誌 10 九州・沖縄』（共著，朝倉書店 2012），『都市空間の見方考え方』（編著，古今書院 2013）

山下　博樹（やました　ひろき）鳥取大学地域学部教授。第 6 章
1964 年生。立命館大学大学院文学研究科地理学専攻博士課程前期課程修了。
文学修士。主著：『地域政策入門』（共著，ミネルヴァ書房 2008），『乾燥地の資源とその利用・保全』（共編著，古今書院 2010），『よくわかる都市地理学』（共著，ミネルヴァ書房 2014）

編者紹介

根田　克彦（ねだ　かつひこ）奈良教育大学教授。
1958年生。筑波大学大学院博士課程地球科学研究科単位取得満期退学。博士（理学）。主著：『都市空間の見方・考え方』（共編著，古今書院 2013）。『都市小売業の空間分析』（大明堂 1999）

シリーズ名	地域づくり叢書5
書　名	まちづくりのための中心市街地活性化 　　　―イギリスと日本の実証研究―
コード	ISBN978-4-7722-3177-0　　C3336
発行日	2016（平成28）年4月5日　初版第1刷発行 2021（令和3）年3月1日　第2刷発行
編著者	**根田克彦** Copyright ©2016　NEDA Katsuhiko
発行者	株式会社古今書院　橋本寿資
印刷所	三美印刷株式会社
製本所	三美印刷株式会社
発行所	**古今書院** 〒113-0021　東京都文京区本駒込5-16-3
電　話	03-5834-2874
FAX	03-5834-2875
振　替	00100-8-35340
ホームページ	http://www.kokon.co.jp/

検印省略・Printed in Japan

地域づくり叢書　既刊ご案内

1　日常空間を活かした観光まちづくり
戸所　隆著

名所・旧跡など地域の遺産に頼るだけでなく，住んでいる人々にとっては日常の生活空間＝地域資源を活かすことにより，新たな観光まちづくりが始まる。歴史を活かす川越・小布施，景観を活かす美瑛・嬬恋，芸術を活かす尼崎・宝塚，新幹線駅を活かす佐久，医療を活かす前橋など，成功・課題それぞれの地域事例を多数掲げ，さまざまな手法を用いた観光まちづくりの新しい姿を提示する。ISBN978-4-7722-5246-1　C3336

A5判
2010年発行

2　地域資源とまちづくり
片柳　勉・小松陽介編著

ハコモノに頼るのではなく，既存の地域資源を活かしたソフトなまちづくりが注目されています。自然，農と食，都市，歴史とアイディア，そして人を活かしたまちづくりの活動を紹介します。月刊「地理」の好評シリーズ「まちづくり・地域づくり」を単行本化。　取り上げた地域は，日本20ヶ所，海外2ヶ所。あなたはどこへ行きますか。ISBN978-4-7722-5270-6　C3336

A5判
2013年発行

3　ジオツーリズムとエコツーリズム
深見　聡著

ジオとエコ，2つのツーリズムの定義・成立過程・制度を整理し，ジオパーク・エコパーク・世界遺産あるいはそれに準じた自然遺産を活かしたまちづくりの事例をみながら，2つのツーリズムがめざす観光形態とその重要性を理解するための本。地域が主役となる着地型観光のあり方とは？ ISBN978-4-7722-4179-3　C3336

A5判
2014年発行

価格等の詳細は，古今書院HP（http://www.kokon.co.jp/）をご覧ください

地域づくり叢書　既刊ご案内

4 歩いて暮らせるコンパクトなまちづくり

戸所 隆著

人口減少・高齢化社会…人びとが都市に求める機能とは？　都市政策・都市計画・都市地理学の研究者・実務者15人が多彩な視点視点で迫る。都市構造を変えるコンパクトなまちづくり（足利市）中心市街地活性化（高田中心市街地，英国の中心市街地再生政策）公共交通政策（民官学連携，交通政策の課題）防災に活かすコンパクトなまちづくり（津波被災都市復興計画）ほか
ISBN978-4-7722-3175-6　C3336

A5判
2016年発行

6「観光まちづくり」再考

安福恵美子編著

「観光」と「まちづくり」の合体プロセスとその課題を整理し，中山間地域，大都市，温泉地というタイプの異なる観光地を詳査。観光まちづくり概論（まちづくり思想の歴史的考察／内発的観光まちづくりの仕掛けづくり）中山間地域における観光まちづくり（足助観光まちづくり再考）都市における観光まちづくり（東京スカイツリーと墨田区）温泉地における観光まちづくり（熱海）
ISBN978-4-7722-3138-7　C3336

A5判
2016年発行

7 都市・地域観光の新たな展開

安福恵美子・天野景太著

観光振興機関や広域観光振興，観光拠点都市，MICEなど「観光先進国」を目指す日本の取組みを紹介し，その中で浮かび上がってきた「オーバーツーリズム」，観光空間と生活空間の重なりがもたらす「観光公害」などの課題を整理。古市古墳群周辺の例など世界遺産登録と地域住民主導の観光まちづくりを紹介し，今後に向けて，総合的な地域マネジメントの重要性を訴える。
ISBN978-4-7722-5335-2　C3336

A5判
2020年発行

価格等の詳細は，古今書院HP（http://www.kokon.co.jp/）をご覧ください

古今書院の関連図書　ご案内

観光学と景観

溝尾良隆著

A5判
2011年発行

★観光学体系化の課題は観光景観論の確立だ

今世紀最大の産業＝観光だといわれる。国連は貧困削減に有効な役割に期待し、日本は観光立国を宣言し、観光基本法を改正し、観光庁を設置した。訪日外国人を増加させるインバウンド観光推進策のため、美しい町を創造しようと景観法を制定した。本書は観光学の体系化と観光景観論を説く。
　［主な内容］第1部観光景観論序説　観光学的景観とは　観光資源とは　風景観に対する主観と五感の問題　観光資源評価その客観化への試み　ヨーロッパや中国や日本の自然観と山岳観　日本人の自然に対する情感　日本の風景の特徴　美しい風景の保全と創造による魅力あるまち・観光地の形成　第2部景観に配慮した観光地の創造
ISBN978-4-7722-3137-4　C1036

都市空間の見方・考え方

高橋伸夫・菊地俊夫・根田克彦・山下宗利編著

B5判
2013年発行

★都市地理学の視点・論点を事例で学ぶ

都市地理学が目指した調査研究法そして論文へのまとめは、すでにたくさんの業績がある。本書は入門から第一歩を踏み出す学生を対象に、調査研究法から論文にする実践例をまとめた。
　［主な目次］第Ⅰ部　都市空間の調査研究法（1都市空間の概念と類型　2都市空間の描き方　3都市空間と土地利用・景観　4都市空間の形成プロセスと変化　5都市空間のパターンとモデル化第Ⅱ部　都市空間の調査研究—実践編（10編の既論文を土地利用、工業立地、生活空間、文化地理、まちづくり、ツーリズム、交通地理から取り上げる）　第Ⅲ部　外国における都市の調査（パリ市の居住空間、リヨン大都市圏の構造変容）
ISBN978-4-7722-5269-0　C3025

価格等の詳細は、古今書院HP（http://www.kokon.co.jp/）をご覧ください

古今書院の関連図書　ご案内

文化観光論 —理論と事例研究— 上巻

M. K. スミス・M. ロビンソン編　阿曽村邦昭・阿曽村智子訳

★観光学科のある大学43校で、学びたい講義内容　　　　　　A5判
　創られたイメージが発信されて観光客を呼び寄せた結果、観光客の　2009年発行
抱くイメージや期待が現地の人々の意識や文化に影響を与える…文化
のさまざまな局面で、観光がどのような機能を果たしているか、事例
研究と理論で明らかにする。原題 Cultural Tourism in a Changing
World—Politics Participation and Representation—。
[主な内容] 1 政治、権力、遊び　2 文化政策、文化観光　3 遺産観
光とアイルランドの政治問題　4 ノルウェー貴族的生活の復活　5 ポ
ーランド文化観光　6 文化観光・地域社会の参加、能力開発　7 アフ
リカ地域社会　8 黒人町を観光する　9 地域社会の能力開発　10 ラ
ップ人地域社会
ISBN978-4-7722-7105-9　C3036

文化観光論 —理論と事例研究— 下巻

M. K. スミス・M. ロビンソン編　阿曽村邦昭・阿曽村智子訳

★土産品、観光美術、博物館、遺産…文化観光の問題は　　　A5判
　伝統・民俗習慣・食事のステレオタイプ化した観光用イメージ、本　2009年発行
物かどうか、土産品をつくる側の論理など、具体事例研究は興味深い。
文化観光研究を欧州で中心に活動している拠点は英国のリーズ・メト
ロポリタン大学の観光と文化変容センターであり、そこの叢書の7番
目が本書だ。下巻には後半9章と訳者による解題を収める。
[主な内容] 11 真正性と商品化の諸相　12 土産品に品質証明が付され
る過程　13 Pataxo族の観光美術と文化的真正性　14 バリ舞踊の真正
性と商品化　15 文化観光における解説　16 ブダペストの「恐怖の館」
における解説　17 英国の博物館政策と解説　18 ベルギーの洞窟　19
遺産都市の解放
ISBN978-4-7722-7106-6　C3036

価格等の詳細は、古今書院HP（http://www.kokon.co.jp/）をご覧ください

古今書院の関連図書　ご案内

日本の都市地理学 50 年

阿部和俊編

★それぞれの都市地理学研究と時代を一冊に。

　日本を代表する都市地理学者がそれぞれの研究環境、あるいは研究の出発点・契機を執筆した。本書は 29 名のエピソードと文献が満載の日本都市地理学研究外史となっている。年輩には回顧、若輩には栄養となる本書は、編者の才知が産んだ。

A5 判上製
2011 年発行

〔主な内容〕1 森川洋、2 成田孝三、3 阿部和俊、4 樋口節夫、5 青木栄一、6 佐々木博、7 寺阪昭信、8 實清隆、9 安積紀雄、10 阿部隆、11 杉浦芳夫、12 菅野峰明、13 山田誠、14 小林浩二、15 富田和暁、16 戸所隆、17 高山正樹、18 日野正輝、19 西原純、20 山本健兒、21 津川康雄、22 石川義孝、23 山崎健、24 水内俊雄、25 松原宏、26 根田克彦、27 千葉昭彦、28 香川貴志、29 由井義通

ISBN978-4-7722-6109-8　C3025

日本の経済地理学 50 年

藤田佳久・阿部和俊編

★39人の経済地理学者が語る、20世紀半ば〜現在までの日本経済

『日本の都市地理学50年』の姉妹編。貴重なエピソードが満載の日本経済地理学研究外史。個人の研究史から成果を生みだした思考や行動の背景、その原理、それぞれの「時代の空気」を知ることができる。

A5 判上製
2014年発行

〔主な内容〕1 山本正三、2 西川大二郎、3 石原照敏、4 大喜多甫文、5 中藤康俊、6 藤田佳久、7 斎藤 功、8 犬井 正、9 山野明男、10 田林 明、11 北村修二、12 岡橋秀典、13 田和正孝、14 菊地俊夫、15 西野寿章、16 風巻義孝、17 和田明子、18 竹内淳彦、19 青野壽彦、20 溝尾良隆、21 青木英一、22 宮川泰夫、23 合田昭二、24 上野和彦、25 山川充夫、26 松橋公治、27 中島 茂、28 富樫幸一、29 野尻 亘、30 石井素介、31 上野 登、32 伊藤喜栄、33 森滝健一郎、34 金田昌司、35 矢田俊文、36 高橋眞一、37 秋山道雄、38 山崎 朗、39 伊藤達也

ISBN978-4-7722-6114-2　C3025

価格等の詳細は、古今書院HP（http://www.kokon.co.jp/）をご覧ください